程序设计基础
学习指导

主　编　钟　娟　张广斌
副主编　汪　淼　尹　蕾　丁　伟
编　委（以姓氏拼音排序）
　　　　程　远　金海红　任启芳　孙　龙
　　　　吴一尘　解建侠　张　明　张　睿

中国科学技术大学出版社

内 容 简 介

本书共两篇,第 1 篇为基础理论,包括对应章节的知识学习点拨和习题分层训练。第 2 篇为实验指导,包括常用集成开发环境简介和实验题目指导,主要介绍了四种常用的集成开发环境相应的调试方法。实验题目以解决实际问题为目的,让读者从实际问题出发,潜移默化地加深对 C 语言程序设计方法的了解和掌握。

本书可作为高等学校各专业"C 语言程序设计"课程的教学或学习参考书。

图书在版编目(CIP)数据

程序设计基础学习指导 / 钟娟,张广斌主编 . -- 合肥 : 中国科学技术大学出版社, 2024.8 . -- ISBN 978-7-312-06085-4

Ⅰ.TP312.8

中国国家版本馆 CIP 数据核字第 2024UU6011 号

程序设计基础学习指导

CHENGXU SHEJI JICHU XUEXI ZHIDAO

出版	中国科学技术大学出版社
	安徽省合肥市金寨路 96 号,230026
	http://press.ustc.edu.cn
	https://zgkxjsdxcbs.tmall.com
印刷	安徽省瑞隆印务有限公司
发行	中国科学技术大学出版社
开本	787 mm×1092 mm 1/16
印张	15
字数	384 千
版次	2024 年 8 月第 1 版
印次	2024 年 8 月第 1 次印刷
定价	45.00 元

前　言

怎样使初学者学习"C语言程序设计"课程,不因琐碎零散的语法阻碍理解程序设计方法和计算思维的培养,从而轻松掌握程序设计的精髓,提高运用编程解决实际问题的能力,是我们编写这本书的出发点。主要体现在如下几个方面:

在内容的编排上,注重章节之间的知识桥梁的宏观搭建,通过实例加强对知识的理解。

知识学习点拨根据初学者的理解过程,零距离地讲解知识点的理解方法,方便初学者对知识的掌握与运用。

针对初学者的常见错误进行分类汇总描述,从源头开始将知识点的理解加以巩固。

针对初学者的知识递进理解与掌握,章节题型编排按由浅入深、循序渐进的原则将其分为基础、提高和拓展三种题型。同时根据每个题目的难易度分别给出题目难点分析、答题思路和参考答案。

在实验环境的编排上,针对不同常用的基础开发环境,将 Visual C++6.0、DevC++、VisualStudio、CodeBlocks 安装和使用进行详细的介绍,供不同需要的初学者选用。

在实验题目的编排上,以应用为背景,面向编程实践和解决实际问题能力为宗旨,穿插中等和竞赛题目,逐步加深读者对 C 语言程序设计方法的了解、掌握和思维的培养。

全书共两篇,第1篇为基础理论,包括对应章节的知识学习点拨和习题分层训练。知识学习点拨首先说明了该章主要掌握和熟悉的知识点,其次按照章节内容对知识点怎样理解的过程或者怎么做会方便掌握进行指导。第2篇为实验指导。包括常用集成开发环境简介和实验题目指导。其中介绍了四种常用的集成开发环境相应的调试方法。实验题目以解决实际问题为目的,让读者从实际问题出发,潜移默化地加深对 C 语言程序设计方法的了解和掌握。本书全部代码均已通过 Visual C++6.0运行测试。

本书由安徽建筑大学钟娟、张广斌主编,安徽建筑大学王奇、安程、斐文涛、桃子博、汪雨桐、吴瑞强、赵浩然、孙妍同学同时在例题、图片整理做了部分工作,在此表示感谢。

　　因编者水平有限,书中不足之处在所难免,恳请广大专家和读者提出意见和建议,我们会在重印时及时予以更正。

编　者

2024 年 6 月

目　　录

第2篇　实验指导

第1篇 基础理论

第1章 为什么学编程

引导语

　　学习编程是探索无限创造力和解决问题的关键。编程不仅仅是一门技能,还是一种思维方式,能够训练你分析、逻辑推理和创新的能力。无论你是想要开发一个热门应用,解决现实世界的难题,还是简单地享受把想法转化为现实的乐趣,掌握编程都将成为你迈向技术世界的第一步。

　　当我们谈论编程语言时,C语言往往被认为是所有程序员学习的基础。它的普及和广泛使用不仅仅因为它的年代久远,更因为它的强大和灵活性。学习C语言不仅仅是为了掌握一门编程语言,更是为了理解计算机如何工作的基础。它的结构和逻辑能力训练了数代程序员,为他们打开了无数编程的大门。无论你是刚刚入门编程的初学者,还是希望深入理解计算机底层运行原理的高级开发者,学习C语言都将是你编程之路上的一次重要启程。

学习目标

☞ 了解C语言的发展历程;
☞ 描述软件开发的基本过程;
☞ 阐述C语言的特点。

1.1　知识学习点拨

1.1.1　计算机程序设计语言

　　计算机程序(Computer Program),也称为软件(Software),简称为程序(Program),是一组指示计算机或其他具有信息处理能力的装置进行每一步动作的指令,通常用某种程序设计语言编写,运用于某种目标体系结构上。

　　计算机程序设计语言的发展,经历了从机器语言、汇编语言、高级语言到非过程化语言的历程。

1．机器语言

机器语言是由二进制代码"0"和"1"组成的若干个数字串。

2．汇编语言

汇编语言是一种借用助记符表示的程序设计语言,其每条指令都对应着一条机器语言代码。

3．高级语言

高级语言并不是特指某一种具体的语言,而是包括很多编程语言,如目前流行的 C、C++、Java、C♯、Python 等,这些语言的语法、命令格式都不相同。

4．非过程化语言

非过程化语言编码时只需说明"做什么",不需要描述算法细节。

程序用于解决客观世界的问题,其开发要经历捕获问题、分析设计、编码实现、测试调试、运行维护 5 个主要阶段。

（1）捕获问题

捕获问题也称为需求分析。

（2）分析设计

明确需求后,就可以进行设计了,主要是确定程序所需的数据结构、核心的处理逻辑(即算法)、程序的整体架构(有哪些部分、各部分间的关联、整体的工作流程)。

（3）编码实现

编码实现是用某种具体的程序设计语言,如 C 语言,来编程实现已经完成的设计。

（4）测试调试

测试调试包括两方面,即测试和调试。当程序已经初步开发完成,可以运行时,为了找出其中可能出现的错误,使程序更加健全,需要进行大量、反复的试运行,这一过程称为测试。

（5）运行维护

当程序通过测试,达到各项设计指标的要求后,就可以获准投入运行。

1.1.2　C 语言的特点与编程规范

C 语言具有以下 5 个主要特点：

（1）简洁、灵活。

（2）是高、低级兼容语言。

（3）是一种结构化的程序设计语言。

（4）是一种模块化的程序设计语言。

（5）可移植性强。

例 1.1　在屏幕上显示"Hello,World"的信息。

```
#include <stdio.h>          /* 编译预处理命令 */
int main()                  /* main()函数的函数头 */
{                           /* 函数体的开始标记 */
    printf("Hello,World");  /* 输出引号中的内容到计算机屏幕 */
    return 0;               /* 程序返回值 0 */
```

```
    }                          /＊函数体的结束标记＊/
```

运行结果：

Hello,World

程序说明：程序运行后输出“Hello,World”，“请按任意键继续”是任何一个 C 程序在编译环境下运行都会自动输出的一行信息，当用户按任意键后，屏幕上不再显示运行结果，返回程序主界面。通过观察，发现 C 程序由下面这样的框架构成：

```
    int main()                 /＊main()函数的函数头＊/
    {                          /＊函数体的开始标记＊/
    ……                        /＊输出引号中的内容到计算机屏幕＊/
    return 0;                  /＊程序返回值 0＊/
    }                          /＊函数体的结束标记＊/
```

该框架称为主函数或 main()函数，其中，int 是“整型”的标识符，是 main()函数的返回值类型，此处是为说明 main()函数返回值是整数的意思，具体意义和用法后面再阐述。main 为函数名，小括号里一般由参数(main()函数一般没有参数)组成，大括号内为函数体。函数体由 C 语句(程序指令)或函数组成，关于 C 语句后面会逐步学习。main()函数是 C 语言本身函数库已定义好的标准函数，C 编译器能对它进行正确编译。

1. C 语言程序结构的特点

一个 C 语言程序结构主要有以下 9 个特点：

(1) C 程序是由函数构成的，函数是 C 程序的基本单位。任何一个 C 语言源程序必须包含一个且仅包含一个 main()函数，可以包含零个或多个其他函数。

(2) 一个 C 程序总是从 main()函数开始执行，到 main()函数结束，与 main()函数所处的位置无关(main()函数可以位于程序的开始位置，也可以位于程序的末尾，还可以位于一些自定义函数的中间)。

(3) 一个函数由两部分组成：函数头和函数体。函数头如例 1.1 中的 int main()函数。函数体为函数头下面大括号{}内的部分。若一个函数内有多个大括号，则最外层的一对大括号{}为函数体的范围。

(4) C 程序中，每个语句和数据定义的最后必须有一个分号。分号是 C 语句的必要组成部分，必不可少。但是预处理命令、函数头和函数体的界定符“{”和“}”之后不能加分号。例如，♯include〈stdio.h〉编译预处理命令包含要使用的文件，后面不能加分号。

(5) 标识符、关键字之间必须至少加一个空格以示分割。若已有明显的分隔符，也可以不加空格。

(6) 可以用“/＊”和“＊/”或“//”对 C 程序中的任何部分作注释。

(7) C 语言严格区分大小写。C 语言对大小写非常敏感，如认为 main、MAIN、Main 是不同的。在 C 语言中，常用小写字母表示变量名、函数名等，而用大写字母表示符号常量等。

(8) C 语言本身没有输入输出语句，输入、输出是由函数完成的。

(9) 一个好的、有使用价值的 C 程序都应当加上必要的注释，以增加程序的可读性。

2. C 语言程序的编码规范

孟子曰：“不以规矩，不能成方圆。”同样地，在使用 C 语言编写代码时，也必须遵守一定的编码规范。这样既可以增加代码的可读性，也可以发现隐藏的问题(bug)，提高代码性能，对代码的理解与维护起到至关重要的作用。具体有以下 5 个方面：

（1）函数体中的大括号用来表示程序的结构层次,需要注意的是:左右大括号要成对使用。

（2）在程序中,可以使用英文的大写字母、也可以使用小写字母。但要注意的是,大写字母和小写字母代表不同的字符,如'a'和'A'是两个完全不同的字符。

（3）在程序中的空格、空行、跳格并不会影响程序的执行。合理地使用这些空格、空行,可以使编写出来的程序更加规范,有助于日后的阅读和整理。

（4）C 程序书写风格自由,一行内可以写多个语句,一个语句可以分写在多行上。但为了有良好的编程风格,最好将一条语句写在一行。

（5）代码缩进统一为 4 个字符。建议不使用空格,而用 Tab 键。

1.1.3　C 语言程序的开发步骤与集成开发环境

1. C 语言程序的开发步骤

学习 C 语言就是学习编程的过程。C 程序的开发从确定任务到得到结果一般要经历以下 7 个步骤:

（1）需求分析;

（2）算法设计;

（3）编写程序;

（4）编译程序;

（5）连接程序;

（6）运行程序;

（7）编写程序文档。

2. C 语言集成开发环境

目前广泛使用的 C 语言编译器有以下 4 种:

（1）GCC（GNU Compiler Collection,GNU 编译器套件）:GNU（GNU's Not Unix,GNU 并非 Unix）组织开发的开源免费的编译器。

（2）MinGW（Minimalist GNU for Windows,Windows 的极简 GNU）:Windows 操作系统下的 GCC。

（3）Clang:开源的 BSD（Berkeley Software Distribution,伯克利软件套件）协议的基于 LLVM（Low Level Machine,底层虚拟机）编译器。

（4）Cl. exe:Microsoft Visual C++ 自带的编译器。

目前广泛使用的 C 语言的集成开发环境主要有以下 4 种:

（1）Code::Blocks:开源免费的 C/C++ 集成开发环境。

（2）CodeLite:开源、跨平台的 C/C++ 集成开发环境。

（3）Dev-C++ :可移植的 C/C++ 集成开发环境。

（4）Visual Studio 系列。

1.1.4　常见错误汇总

本章常见错误汇总如表 1.1 所示。

表 1.1　常见错误汇总

常见错误实例	常见错误描述	错误类型
语句后少分号	分号是 C 语言语句的重要组成部分,每条语句及数据定义末尾必须有分号。很多初学者在编写程序时很容易漏写	编译错误
语句中出现中文字符	C 语言语句中只识别英文字符(提示信息和注释信息除外),中文字符无法编译	编译错误
大括号不成对出现	C 语言的函数体中,左右大括号要成对使用。初学者在编写程序时很容易忘掉右边的大括号	编译错误
main()函数首字母大写	C 语言严格区分大小写字母,C 程序中多用小写字母,较少用大写字母	编译错误
标识符、关键字之间缺少空格	C 语言中标识符、关键字之间必须至少加一个空格,以示分隔。若已有明显的分隔符,也可以不加空格	编译错误

1.2　习题分层训练

1.2.1　基础题

1. 唯一能够被计算机硬件直接识别并执行语言是(　　)。
   A. 机器语言　　　B. 汇编语言　　　C. 高级语言　　　D. 面向对象程序设计语言
2. 机器语言是用(　　)编写的。
   A. 二进制码　　　B. ASCII 码　　　C. 十六进制码　　　D. 国标码
3. 下列关于算法的叙述中正确的是(　　)。
   A. 用 C 程序实现的算法必须要有输入和输出操作
   B. 用 C 程序实现的算法可以没有输出但必须要有输入
   C. 用 C 程序实现的算法可以没有输入但必须要有输出
   D. 用 C 程序实现的算法可以既没有输入也没有输出
4. 一个 C 程序总是从(　　)开始执行。
   A. 程序的第一条执行语句　　　B. 主函数　　　C. 子程序　　　D. 主程序
5. C 语言中,一个应用程序中主函数的个数为(　　)。
   A. 3 个　　　B. 2 个　　　C. 1 个　　　D. 任意个
6. 把 C 语言编写的源程序翻译为目标程序,需要使用(　　)。
   A. 编辑程序　　　B. 诊断程序　　　C. 编译程序　　　D. 驱动程序

1.2.2　提高题

1. C 语言程序的开发,一般要经过_____、_____、_____和_____4 个步骤。

2. C 语言程序中的错误按程序生成阶段可以分为_____错误、_____错误、_____错误和_____错误。

1.2.3　拓展题

1. 请用流程图描述以下功能：将一个 24 小时制时间转换为 12 小时制时间。例如，输入：13:15,则输出：下午 1:15;输入:8:20,则输出:上午 8:20。

2. 请搜索最新一期 TIOBE 编程语言排行榜,查找资料总结前十名语言的特点和主要应用领域。

3. 请列出 3~5 位中国在计算机领域的杰出人物,搜索整理其在计算机领域所作出的杰出贡献。

4. 请查找资料回答：中国是否有自己的计算机语言？这些语言没有成为世界流行语言的原因是什么？

第 2 章　基本数据类型

◖引导语◗

　　通过上一章的学习,我们了解到现实生活中的很多"疑难杂症"都可以通过编程去实现和解决! 对于一段程序而言,如果说逻辑是程序的剧本,那么数据就称作程序的主角。在计算机执行各种有趣的程序时,组成程序的指令和程序操作的数据都存储在哪儿,存储空间大小应该是多少,数据为什么分为不同类型,接下来我们一一给大家解惑。

　　在程序执行期间,数据是存储在计算机内存中的,而内存是由无数个存储单元构成的,数据需要占用多少存储单元怎么决定呢? 这里举个简单的例子,到裁缝店做件衣服,仅仅跟老板说我要做件衣服是远远不够的,必须把你的具体尺寸告诉给裁缝,才能量体裁衣,数据类型就类似于这个尺寸,不同的数据类型占用不同的存储空间。

　　数据类型为什么要分类呢? 这里还是从实际出发去理解这个问题。众所周知,智能驾驶是当前人工智能的研究热点之一,车辆在行驶的过程中需要对周边的环境数据进行分类,判断采集到的数据是车辆、人类、石头、花草还是小猫、小狗等,只有类别清楚才能做出正确决策,当然如果是石头还要判断石头大小,这就是数据分类的意义所在。接下来的内容将介绍在 C 语言程序设计里数据类型是如何划分的。

　　☞ 了解基本类型及其常量的表示法;
　　☞ 掌握标识符命名规则;
　　☞ 掌握变量的定义及初始化方法;
　　☞ 理解计算机数据类型占用内存空间的大小。

2.1　知识学习点拨

2.1.1　常量和变量

1. 理解常量的概念

顾名思义,在 C 语言中,常量是程序中不可改变值的量,其值在程序执行期间保持不变。常量为程序员提供了一种有效管理和维护数据的方式,通过引入不可变的值,可以增加代码的稳定性及可维护性。按照类型划分,常量主要分为整型常量、实型常量、字符型常量、字符串字面量(string literal)和枚举常量。整型常量包括正整数、负整数和零在内的所有整数。整型常量前缀指定基数,0x 或 0X 表示十六进制,0 表示八进制,不带前缀则默认表示十进制,因二进制表示不直观方便,所以通常以十进制数来表示,如:1,0,−20 等,有时候也以八进制和十六进制表示,如 019,−021,0x12,−0x1F 等;实型常量在计算机中以浮点数形式表示,即小数点位置是可以移动的,因此实型常量既可以称为实数,又可以称作浮点数,如 3.14,−0.12 等;字符型常量可以是一个普通的字符,即用一对单引号括起来的单个字符,如 'x'、'X'、'1' 等,也可以是一个转义序列,例如 '\t',或一个通用的字符,例如 '\u02C0',字符串字面量是用一对双引号括起来的零个或者多个字符。转义字符对照表如表 2.1 所示。

表 2.1　转义字符对照表

序号	转义序列	含　　义
1	\\	\字符
2	\'	'字符
3	\"	"字符
4	\?	？字符
5	\a	警报铃声
6	\b	退格键
7	\f	换页符
8	\n	换行符
9	\r	回车
10	\t	水平制表符
11	\v	垂直制表符
12	\ooo	一到三位的八进制数
13	\xhh…	一个或多个数字的十六进制数

定义常量通常由两种方式,一种是使用 ♯define 预处理器,一种是使用 const 关键字,如例 2.1 所示。

例 2.1　已知长方形长和宽,求面积。

```
#include <stdio.h>
#define LENGTH 10          //使用#define 定义长度
#define NEWLINE '\n'       //使用#define 定义转义字符换行
int main( )
{
    int area;                    //定义 area 为整型变量
    const int WIDTH = 5;         //使用 const 定义宽度常量
    area = LENGTH * WIDTH;       //计算面积
    printf("value of area ：%d", area);  //输出面积
    printf("%c", NEWLINE);       //输出换行
    return 0;                    //返回值
}
```

2.变量定义及变量命名规则

变量是指在程序执行过程中可以动态改变的量,但是需要注意的是变量在使用之前必须先定义,如例 2.1 中表示面积的变量 area。定义变量规则是"类型关键字变量名;"。关键字是指 ANSI 标准预先规定的,有特殊意义的单词,规定中包含了 32 个关键字,这里的类型关键字是用来声明变量类型的,变量的类型决定了编译器为其分配的内存中存储单元字节数、数据在内存中的存放形式、该类型变量合法的取值范围以及可参与的运算种类。在 C 语言中变量名是需要遵循一些规则和规范的,以确保代码的可读性和一致性。首先变量名只能包含字母、数字和下划线,不能以数字开头。需要注意的是 C 语言对大小写敏感,因此大写字母和小写字母是不同的。还要避免使用 C 语言的关键字作为变量名,因为这些关键字具有特殊含义。变量名最好能够见词释义,具有一定的描述性,能够清晰地表达变量的用途。

3.C 语言 main( )函数

标准的 C 语言程序无论由多少行代码组成,它的执行都是从 main( )函数开始,而且在一个可能包含若干个.c 文件的 C 语言项目中有且只能有一个 main( )函数,运行过程中把 main( )函数作为唯一入口,鉴于 main( )函数的特殊地位,它又被称为主函数。

4.C 语言程序书写规范

如果说数学符号是数学家的浪漫,那么代码就是程序员的浪漫。程序员键盘下清晰的代码结构和书写风格确实是一种无法形容的美。在这里我们简单地说明几种常用默认规则给大家提供参考,后边学习的时候可以对照使用。首先花括号{}的使用,if、else、for、while、do 等语句自占一行,执行语句不得紧跟其后,这里非常重要的一点是,不论执行语句有多少行,就算只有一行也建议加{},并且遵循对齐的原则,这样可以防止书写失误,这里花括号对齐且成对书写。其次要注意注释的使用,在一般情况下,源程序有效注释量必须在 20% 以上。虽然注释有助于理解代码,但注意不可过多地使用注释。另外关注缩进的使用规则,缩进是通过键盘上的 4 个空格键实现的,缩进可以使程序更有层次感。其使用原则是如果代码地位相等,则不需要缩进;如果属于某一个代码的内部代码就需要缩进。

2.1.2　简单的屏幕输出

在 C 语言程序中,变量定义赋值以后,如何将变量的值显示在屏幕上呢? 实际上 C 语

言程序中的键盘输入和屏幕输出都是通过调用输入/输出函数实现的,这里屏幕输出主要使用 printf() 函数,它是 C 语言格式化输出函数,主要功能是向标准输出设备按规定格式输出信息,这些信息可以是字符串,也可以是按照指定格式和数据类型输出的若干变量的值。

　　库函数,上一节我们讲到了 main() 函数是有且只有一个的主函数,除此之外,C 语言还为用户提供了另外一种函数即库函数,库函数是指把一些实现特定功能的代码封装成一个个函数,方便用户使用,比如输入输出、字符串比较、数学中的一些函数实现、申请内存等。在使用某个函数时只需要知道它在哪个库函数中,然后在自己程序的开始添加相应的头文件即可。在这里注意库函数是不需要用户进行编写的,但是调用的时候是有一定格式要求的,以例 2.2 进行讲解,♯include 是 C 语言指令,也称作编译预处理命令,用于在用户编写的程序中导入头文件,以引入在头文件中定义的函数。它的作用是将 C 语言封装好的函数引入当前的用户程序中,从而方便使用。头文件有很多,如 stdio.h 是标准输入输出的头文件,math.h 是包含很多数学函数的头文件,类似的有很多,大家在需要的时候自行查询使用。

　　例 2.2　定义变量并赋值输出。

```
♯include〈stdio.h〉          //使用 printf 函数需要包含头文件
int main( )
{
    int    a = 1;
    printf("%d\n", a);       //按照整型格式输出 a 的值
    return 0;
}
```

2.1.3　数据类型

　　传统上 C 语言的数据类型分为基本数据类型、构造类型、指针类型、空类型等四大类,构造类型包含数组、结构体、共用体,因构造类型、空类型、指针类型,分别在第 8 章、第 11 章和第 12 章进行详细讨论,因此本章主要讨论基本数据类型。

　　基本数据类型分类,整型是用于存储整数。根据存储大小和范围的不同,整型又可以细分为 int、short、long、long long、unsigned long 等。int 通常用于存储整数,具体大小取决于编译器和平台是 16 位、32 位还是 64 位。short 是短整型,存储的整数范围比 int 小。long 是长整型,存储的整数范围大一些。某些平台支持 long long 类型,有些编译器不支持。unsigned 是无符号整型,只能存储非负整数,可以与 int、short、long 等结合使用,如 unsigned int、unsigned long 等。实型数据指的是浮点数或者实数,它分为单精度浮点数、双精度浮点数以及长双精度浮点数。float 是单精度浮点型,精度较低。double 是双精度浮点型,精度较高。long double 是长双精度浮点型,精度更高,但具体实现取决于编译器和平台。char 是字符型,用于存储字符如字母、数字、标点符号等,由于字符在计算机内部是以 ASCII 码或其他编码形式存储的字符型,所以在一定范围内字符型和整型在输入输出时是可以相互转换的,即可以存储一个字符或一个小的整数。

　　字符型变量仅占 1 个字节的内存空间,因此它只能存放 1 个字符。字符型变量的取值范围取决于计算机系统所使用的字符集。目前计算机上广泛使用的字符集是 ASCII 码(美国标准信息交换码)字符集。该字符集规定了每个字符所对应的编码,即在字符序列中的

"序号"。也就是说,每个字符都有一个等价的整型值与其相对应,这个整型值就是该字符的 ASCII 码。从这个意义上而言,可将 char 型看成是一种特殊的 int 型。如,字符'A'在内存中存储的是其 ASCII 码 65 的二进制值,存储形式与整型数 65 类似,只是在内存中所占的字节数不同而已。char 型数据占 1 个字节,而 int 型数据在 16 位系统中占 2 个字节,在 32 位系统中占 4 个字节。在 ASCII 码取值范围内,对 char 型数据和 int 型数据进行相互转换不会丢失信息,二者可以进行混合运算。同时,一个 char 型数据既能以字符型格式输出,也能以整型格式输出,以整型格式输出时就是直接输出其 ASCII 码的十进制值。

2.1.4　计算变量或数据类型所占空间大小

数据类型衡量单位,在了解如何计算变量或数据类型所占内存空间的大小之前,先来简单了解一下如何衡量变量或数据类型所占内存空间的大小。计算机的所有指令和数据都保存在计算机的存储部件内存里,内存保存数据速度快,数据可被随机访问,但掉电即失。内存中的存储单元是一个线性地址表,是按字节(Byte)进行编址的,即每个字节的存储单元都对应着一个唯一的地址。在程序设计语言中,通常用字节数来衡量变量或数据类型所占内存空间的大小。

那么一个字节究竟有多大呢? 位(Bit)是衡量物理存储器容量的最小单位,一个二进制位的值只能是 0 或者 1。由于一位无法表示太多数据,所以必须将许多的位合起来使用,常以 8 个位来表示数据,8 个位可以表示 0~255 之间的数字,称 8 个位为 1 个字节。为了要表示更大的数字,需要将更多字节连起来使用,2 个字节(16 位)可以用来表示 65 536 个不同的值,4 个字节(32 位)则可以表示超 40 亿个不同的值。

基本数据类型占空间大小,char 型数据在内存中只占 1 个字节。int 型数据通常与程序的执行环境的字长相同,对于 32 位编译环境,int 型数据在内存中占 32 位(4 个字节)。C 标准并未规定各种不同的整型数据在内存中所占的字节数,只是简单地要求长整型数据的长度不短于基本整型,短整型数据的长度不长于基本整型。此外,同种类型的数据在不同的编译器和计算机系统中所占的字节数也不尽相同,因此,绝不能对变量所占的字节数想当然。要想准确计算某种类型数据所占内存空间的字节数,需要使用 sizeof() 运算符。这样,可以避免程序在平台间移植时出现数据丢失或者溢出的问题。注意,sizeof 是 C 语言的关键字,不是函数名。sizeof() 是 C 语言提供的专门用于计算指定数据类型字节数的运算符。例如,计算 int 型数据所占内存的字节数用 sizeof(int) 计算即可。使用 sizeof(变量名) 的形式还可以计算一个变量所占内存的字节数。此外,sizeof 是编译时执行的运算符,不增加程序额外的运行时间开销,但是可以增强程序的可移植性。

2.1.5　变量赋值和赋值运算符

赋值运算符(Assignment Operator)用于给变量赋值。由赋值运算符及其两侧的操作数(Operand)组成的表达式称为赋值表达式(Assignment Expression)。在赋值表达式后加分号就构成了赋值表达式语句,如 x = 1 是赋值表达式,x = 1;则是赋值语句。在书写形式上赋值运算符与数学中的等号相同,但两者的含义在本质上是不同的。在 C 语言程序中赋值运算符的含义是将赋值运算符右侧表达式的值(简称为右值)赋给左侧的变量,即在 C 语言中赋值运算的操作是有方向性的,并无"等号两侧操作数的值相等"之意,因此,等号左侧只能是标识一个特定存储单元的变量名。注意,像 a＋b＝c 这样在数学上有意义的等式在 C 语言中是不合法的语句,而在数学中无意义的等式 x＝x＋1,在 C 语言中却是合法的语句,该语句的含义是"取出 x 的值加 1 后再存入 x"。例如,在前面已经为 x 赋值为 1,再执行 x＝x＋1 后,x 的值就变成 2 了。也就是说在赋值表达式 x＝x＋1 中,赋值运算符左侧的变量 x 与右侧的变量 x 的值具有不同的含义。右侧的 x 代表赋值操作之前 x 的值,实际对 x 进行的是"读"操作,而左侧的 x 代表赋值操作之后 x 的值,实际对 x 进行的是"写"操作。

　　赋值表达式值的计算,在一个赋值表达式中可能会含有不同的运算符,C 语言在计算含有不同类型运算符的表达式时,要考虑运算符的优先级(Precedence),根据优先级确定运算的顺序,即先执行优先级高的运算,然后再执行优先级低的运算。由于赋值表达式 x＝x＋1 中右值是一个算术表达式,而算术运算符的优先级高于赋值运算符的优先级,因此 x＝x＋1 的计算过程是"先计算 x＋1 的值,然后再将 x＋1 的值赋值给 x"。优先级的问题将在第 3 章进行讲解。

2.1.6　常见错误汇总

　　本章常见错误汇总如表 2.2 所示。

表 2.2　常见错误汇总

常见错误实例	常见错误描述	错误类型
	变量未定义就使用	编译错误
int newValue；newvalue＝0	忽视了变量区分大小写	编译错误
int char；	关键字不能作为变量名	编译错误
char a＝A；	C 语言中字符变量赋值必须有单引号	编译错误
int a＝3.14；	在定义变量时,用于变量初始化的常量类型与定义的变量类型不一致	警告
int a＝b＝c＝0；	在定义变量时,对多个变量进行连续赋初值	编译错误
int 1ab；	变量名命名规则中数字不能作为首字母	编译错误

2.2　习题分层训练

2.2.1 基础题

1. C 语言可以使用 printf 函数实现输出,该函数包含在(　　　)头文件中。
　　A. math.h　　　　B. stdio.h　　　　C. printf.h　　　　D. lib.h

2. float x;该语句将变量 x 定义为( )类型。

    A. 字符串   B. 双精度实型   C. 单精度实型   D. 字符型

3. C 语言提供的合法关键字的是( )。

    A. integer   B. signed   C. Double   D. Char

4. 在 C 语言中,用 printf 函数输出 int 型数据时,使用格式控制符为( )。

    A. %lf   B. %f   C. %s   D. %d

5. 在 C 语言中,以下变量名合法的是( )。

    A. efg1   B. *ab   C. 1_ab   D. int

6. 一个 C 程序的执行是从( )。

    A. 第一个语句开始,直到最后一个语句结束

    B. main()函数开始,直到 main()函数结束

    C. main()函数开始,直到最后一个语句结束

    D. 第一个函数开始,直到最后一个函数结束

7. 以下关于 C 语言描述错误的是( )。

    A. C 语言中变量必须先定义再使用

    B. C 程序有且只有一个 main()函数

    C. 在 C 语言中,字母的大小写不被区分

    D. C 语言中的所有语句必须以分号结束

8. 语句 a = 3;printf("%d",a = a + 2);执行后输出的结果是( )。

    A. 1   B. 2   C. 5   D. 0

9. C 语言的标识符只能由大小写字母、数字和下划线三种字符组成,第一个字符不可以是( )。

    A. 数字   B. 小写字母   C. 大写字母   D. 下划线

10. 使用系统提供的输出函数 printf()时,实现换行功能的字符是( )。

    A. '\r'   B. '/n'   C. '\b'   D. '\n'

2.2.2 提高题

1. 编程实现计算球体体积并输出,请填空完善程序。

```
#include <stdio.h>
#include <        (1)        >
int main()
{
          (2)          r, v;
    scanf("%f", &r);              //输入半径
    v = 4 * 3.14 * pow(r,3)/3;    //pow 是求三次方公式
    printf("v = %f\n", v);
    return 0;
}
```

2. 以下程序的运行结果是( )。

```
#include <stdio.h>
#include <math.h>
int main( )
{
    int   a=12,b=12;
    printf("%d   %d\n",a-1,b+1);
    return 0;
}
```

A. 11　　　12　　　　　B. 11　　　13　　　　　C. 10　　　11　　　　　D. 12　　　13

3. 输入两个数,交换后输出,请填空完善程序。

```
#include <stdio.h>
int main( )
{
    int a,b,t;
    scanf("%d%d",&a,&b);//输入 a,b 的值
    t=a;
         (1)     ;
         (2)     ;
    printf("%d %d\n",a,b);
    return 0;
}
```

4. 下面程序段的运行结果是_____。

```
#define     A     4
#define     B(x)     A*x/2
#include <stdio.h>
int main( )
{
    int c,a=3;
    c=B(a);
    printf("%d\n",c);
    return 0;
}
```

2.2.3　拓展题

1. 已知三个整数,将其按从大到小的顺序进行输出。

2. 设银行 1 年期定期存款年利率为 $x\%$,存款本金为 deposit 元,编程求出存入 n 年后本利之和并将结果输出。

第 3 章　基本算术运算

引导语

　　上一章主要讲述了数据基本类型,如同建房子我们已经知道需要使用哪些建筑材料,变量或数据可以使用什么类型的数据,使用的数据与所需的数据类型是否匹配,内存单元如何存储数据。

　　定义了数据以后要对数据进行运算,C 语言提供了 34 种运算符,为使初学者能即学即用,本章只介绍算术运算符、增 1 和减 1 算符以及强制类型转换运算符。同时让大家更加详细地掌握如何利用算术表达式及库函数中的标准数学函数将现实世界的数学表达式转换成 C 表达式,一起享受这编程的乐趣,从简单数学公式开始吧!

学习目标

- ☞ 掌握使用算术运算符和标准数学函数将数学表达式写成 C 表达式的方法;
- ☞ 理解增 1 和减 1 运算符的前缀与后缀形式的区别;
- ☞ 掌握宏常量与 const 常量;
- ☞ 掌握赋值表达式中的自动类型转换与强制类型转换。

3.1　知识学习点拨

3.1.1　C 运算符和表达式

1. 算术运算符和表达式

　　C 语言中算术运算符包括加(+)、减(-)、乘法(*)、除法(/)、取余(%)、取反(-),其中取反是一元运算符,所谓一元运算符是指只有一个操作数,需要两个操作数的运算符称为二元运算符,即加、减、乘、除、取余运算,除计算相反数是一元运算符以外,其余的算术运算符都是二元运算符。这里做一元运算取反操作时,是将取反运算符放在一个操作数的前面。C 语言中的算术运算和数学中的算术运算还是有一定区别的,以除法运算为例,两个整数相除后的商仍为整数。例如,1/2 与 1.0/2 运算的结果值是不同的,前者是整数除法(Integer

Division)，后者则是浮点数除法（Floating Division）。整数除法 12/5 的结果值不是 2.4，而是整数 2，其中小数部分被舍去了。12.0/5.0（或者 12/5.0，或者 12.0/5）的计算结果才是浮点数 2.4，这是因为整数与浮点实数运算时，其中的整数操作数在运算之前被自动转换为了浮点数，从而使得相除后的商也是浮点数。注意，在 C 语言中，求余运算限定参与运算的两个操作数必须为整型。这里算术运算符与数据结合得到的式子称作算术表达式，把有赋值号的式子称作赋值表达式。

2. 算术运算符优先级

如同数学运算中一样，C 语言的算术运算符也是有优先级的，算术运算符中取相反数运算符的优先级最高，其次是 ＊、/、％，而 ＋、－ 的优先级最低，并且 ＊、/、％ 有相同的优先级，＋、－ 有相同的优先级。相同优先级的运算符进行混合运算时，需要考虑运算符的结合性。一元的取相反数运算符的结合性为右结合（即自右向左计算），其余的算术运算符为左结合（即自左向右计算）。

3. 复合赋值运算符

复合赋值运算符（Compound Assignment Operator）是由赋值运算符" ＝ "与其他运算符结合而成的。先决条件是" ＝ "右方的源操作数必须有一个和左方接收赋值数值的操作数相同。涉及算术运算的复合赋值运算符有 5 个，分别为 ＋ ＝ ，－ ＝ ，＊ ＝ ，/ ＝ ，\％ ＝ ，注意，在 ＋ 与 ＝ 、－ 与 ＝ 、＊ 与 ＝ 、/ 与 ＝ 、％ 与 ＝ 之间不应有空格。例如 m＝m＋1 等价于 m ＋ ＝1。

4. 增 1 和减 1 运算符

对变量进行加 1 或减 1 是一种很常见的操作，为此，C 语言专门提供了执行这种功能的运算符，即增 1 运算符（Increment Operator）和减 1 运算符（Decrement Operator）。增 1 和减 1 运算符都是一元运算符，只需要一个操作数，且操作数必须是变量，不能是常量或表达式。增 1 运算符是对变量本身执行加 1 操作，因此也称为自增运算符。减 1 运算符是对变量本身执行减 1 操作，因此也称为自减运算符。增 1 或者减 1 有两种形式，一种是写在变量前面称作前缀运算符，如：＋＋x，－－x，另外一种是写在变量后面称作后缀运算符，如：x＋＋，x－－。前缀运算符和后缀运算符在功能上是有区别的，前缀运算符是变量使用之前先对其执行加 1 操作，后缀运算符是先使用变量的当前值，然后对其进行加 1 操作。＋＋作为前缀运算符与作为后缀运算符相比，对变量（即运算对象）而言，运算的结果都是一样的，但增 1 表达式本身的值却是不同的。如：＋＋n 和 n＋＋ 是一样的，都是变量自增 1，但是 m＝＋＋n 和 m＝n＋＋ 表达式的值却是不同的，假如 n＝0，m＝＋＋n 得到的 m＝1，m＝n＋＋ 得到 m＝0。

3.1.2　宏常量与宏替换

1. 宏常量

宏常量也称符号常量，是指用一个标识符号来表示的常量，这时该标识符号与此常量是等价的。宏常量是由宏定义编译预处理命令来定义的。宏定义的一般形式为

　　　　＃define　标识符　字符串

其作用是用 ＃define 编译预处理指令定义一个标识符和一个字符串，凡在源程序中发现该标识符时，都用其后指定的字符串来替换。宏定义中的标识符被称为宏名（Macro Name），需注意，宏定义中的宏名与字符串中间是空白符无须加等号且此指令后一般不以分号结尾，

因为宏定义不是 C 语句,而是一种编译预处理命令。

2. 宏替换

为了与源程序中的变量名有所区别,习惯上用字母全部大写的单词来命名宏常量。将程序中出现的宏名替换成字符串的过程称为宏替换(Macro Substitution)。宏替换时是不做任何语法检查的,因此,只有在对已被宏展开后的程序进行编译时才会发现语法错误。宏替换仅仅是"傻瓜式"的字符串替换,极易产生意想不到的错误。例如,若字符串后加分号则宏替换时会连同分号一起进行替换,在使用时要多加注意。

3.1.3　const 常量

1. const 常量

在声明型转换语句中,只要将 const 类型修饰符放在类型名之前,即可将类型名后的标识符声明为具有该类型的 const 常量。由于编译器将其放在只读存储区,不允许在程序中改变值,因此 const 常量只能在定义时赋初值。

2. const 常量和宏常量区别

最大的区别是宏常量没有数据类型。编译器对宏常量不进行类型检查,只进行简单的字符串替换,字符串替换时极易产生意想不到的错误。const 常量在声明语句中,只要将const 类型修饰符放在类型名之前,即可将类型名后的标识符声明为具有该类型的 const 常量。由于编译器将其放在只读存储区,不允许在程序中改变其值,因此 const 常量只能在定义时赋初值。

3.1.4　自动类型转换与强制类型转换运算符

1. 表达式中的自动类型转换

在 C 语言中,当不同类型的操作数进行运算时,C 编译器在对操作数进行运算之前将有操作数都转换成取值范围较大的操作数类型,称为类型提升(Type Promotion)。由于级别高的数据类型比级别低的数据类型所占的内存空间大,可以保持数据类型的精度,因此类型提升可以避免数据信息丢失情况的发生,所有表达式数据类型是最高的类型来决定的,类型的转换也是从低向高,即为 char、short→int→unsigned int→long→unsigned long→double→long double,这里需补充一下 float 也可以转换成 double。

2. 赋值中的自动类型转换

在一个赋值语句中,若赋值运算符左侧(目标侧)变量的类型和右侧表达式的类型不一致,则赋值时将发生自动类型转换。类型转换的规则是将右侧表达式的值转换成左侧变量的类型。自动类型转换是一把双刃剑,它给取整等某些特殊运算带来方便的同时,也给程序埋下了错误的隐患,在某些情况下有可能会发生数据信息丢失、类型溢出等错误。一般而言,将取值范围小的类型转换为取值范围大的类型是安全的,而反之则是不安全的。因此,一方面程序员要恰当选取数据类型以保证数值运算的正确性,另一方面如果确实需要在不同类型数据之间运算时,应避免使用这种隐式的自动类型转换。

3. 强制类型转换运算符

强制类型转换(Casting)运算符简称强转运算符或转型运算符,它的主要作用是将一个表达式值的类型强制转换为用户指定的类型,它是一个一元运算符,与其他一元运算符有相同优先级,通过(类型)表达式可以把表达式的值转为任意类型。自动类型转换是一种隐式的类型转换,而强制运算符是一种显式的类型转换。类型强转就是明确地表明程序打算执行哪种类型转换,有助于消除因隐式的自动类型转换而导致的程序隐患。强制转换犹如一把双刃剑,既可能提高程序运行结果的准确性,有可能导致数据的丢失或者精度损失。

3.1.5 常用的标准数学函数

编程解决问题的过程经常需要使用数学运算,C 语言提供了非常丰富的数学函数库。在数学中使用函数有时候书写可以省略括号,而 C 语言要求一定要加上括号,在进行乘法运算时候经常可以省略乘号,但是 C 语言中必须使用 * 来表示乘号。函数调用是一种表达式,表达式的值就是函数的计算结果,在 C 语言的术语中称为函数的返回值。编程时使用了标准数学函数,那么就需要引入头文件 math.h。常用的标准数学函数主要有 abs()函数、+abs()函数和 sqrt():abs()函数功能是返回整型数的绝对值,abs(number)中 number 参数可以是任意有效的数值表达式。如果 number 包含 Null,则返回 Null;如果是未初始化变量,则返回 0。fabs()函数功能是求浮点数 x 的绝对值,使用形式为 fabs(double x),返回浮点数 x 的绝对值,sqrt()函数是 C 语言中用于计算一个数的平方根的数学函数。它接受一个浮点数作为参数,并返回该数的平方根,在 C 语言的 sqrt()函数中只会返回正根。C 语言还提供了非常丰富的标准数学函数库等待着大家去挖掘。

3.1.6 常见错误汇总

本章常见错误汇总如表 3.1 所示。

表 3.1 常见错误汇总

常见错误实例	常见错误描述	错误类型
$\pi * r$	表达式中使用了非法的标识符 π	编译错误
ac 或者 a×c	乘法运算符使用错误	编译错误
$\frac{1}{2} + \frac{a-b}{a+b}$	C 语言中除法表达式必须线性写法	无法输入
1.0/2.0+[a−b]/(a+b)	C 语言不能用[]限定表达式运算顺序	编译错误
sinx	使用数学函数运算参数必须用圆括号	编译错误
3%0.5	不能对浮点数执行求余运算	编译错误
1/2	此式只能做整数除法,不能求浮点数	运行时错误
float(m)/2	强转表达式中的类型名未用圆括号括起来	运行时错误
#define PT = 3.14159;	宏定义不用加等号,也不加分号	编译错误
(a+b)++	不能在算术表达式使用增 1 或者减 1 运算	编译错误

3.2　习题分层训练

3.2.1　基础题

1. 下列 C 语言中运算对象必须是整型的运算符(　　)。

    A. *　　　　　　　　B. %　　　　　　　　C. /　　　　　　　　D. 都不正确

2. 下列关于单目运算符自增、自减的叙述中正确的是(　　)。

    A. 运算对象可以是表达式

    B. 运算对象可以是字符型、整型,但是不能是单精度浮点型

    C. 运算对象可以是整型,但是不能是单精度浮点型

    D. 运算对象可以是整型、字符型和单精度浮点型

3. 若有以下程序段:int c1 = 1,c2 = 5,c3;c3 = 1.0/c2 * c1;则执行后 c3 的值是(　　)。

    A. 0　　　　　　　　B. 0.2　　　　　　　C. 1　　　　　　　　D. 1.0

4. 下列程序的运行结果是(　　)。

```
# include "stdio.h"
int main( )
{
    int i = 23;
    printf("%d %d\n", + + i,i + + );
    return 0;
}
```

    A. 23　24　　　　　B. 24　23　　　　　C. 24　24　　　　　D. 24　25

5. 有整型变量 x,单精度变量 y = 6.5,表达式 x = (float)(y * 3 + ((int)y)%4)执行后,x 的值为(　　)。

    A. 21.00000　　　B. 21.500000　　　C. 21　　　　　　　D. 22

6. 已知 float x = 1,y;则 y = (+ + x) * (+ + x)的结果是(　　)。

    A. 9　　　　　　　　B. 6　　　　　　　　C. 9.000000　　　　D. 6.000000

7. 执行以下语句:x + = y;y = x - y;x - = y;的功能是(　　)。

    A. 交换 x 和 y 中的值　　　　　　　B. 把 x 和 y 按从小到大排列

    C. 把 x 和 y 按从大到小排列　　　　D. 无确定结果

8. 在 C 语言中,字符型数据在内存中以(　　)形式存放。

    A. 补码　　　　　　B. ASCII 码　　　　C. 反码　　　　　　D. BCD 码

9. 有以下程序段:

```
int   m = 1,n = 0;
char c = 'a';
scanf("%d%c%d", &m, &c,&n);
```

```
printf("%d,%c,%d\n",m,c,n);
```
若从键盘上输入:1A1〈回车键〉,则输出结果是(　　)。

    A. 1,a,1　　　　B. 1,A,1　　　　C. 0,a,1　　　　D. 1,A,0

10. 在 C 语言中,求平方根的数学函数是(　　)。

    A. fabs()　　　　B. exp()　　　　C. sqrt()　　　　D. pow()

3.2.2　提高题

1. 给出以下程序,程序段的输出结果是_____。

```c
#include <stdio.h>
#define     A     2+8
int main()
{
    printf("A=%d\n",A/2);
    return 0;
}
```

2. 给出以下程序,程序段的输出结果是_____。

```c
# include <stdio.h>
int main( )
{
    double d=3.2;
    int x,y;
    x=1.2;
    y=(x+3.8)/5.0;
    printf("%d \n", d*y);
        return 0;
}
```

3. 给出以下程序,程序段的输出结果是_____。

```c
# include <stdio.h>
int main( )
{
    int x,y;
    x=8;
    y=3;
    printf("%d,%d\n",x--,--y);
    return 0;
}
```

4. 给出以下程序,程序段的输出结果是_____。

```c
#include <stdio.h>
int main()
```

```
{
    int k = 2, i = 2, m;
    m = (k + = i * = k);
    printf("%d,%d\n", m, i);
    return 0;
}
```

3.2.3 拓展题

1. 编程实现求球的体积,要求用数学函数 pow 编程实现,小数点后保留两位数,第三位四舍五入。

2. 编程实现输入四个字符翻译成密码,用原来的字符在 ASCII 码表中后面的第四个字符代替原来的字符,输出密码。

第 4 章　键盘输入和屏幕输出

◀ 引导语 ▶

　　在编程中,键盘输入和屏幕输出是我们与计算机交流的"中间人",通过读取键盘输入的值,并将其输出来模拟人机对话。无论是键盘输入还是屏幕输出,它们贯穿了我们每一行代码的编写。本章将带你深入探索 C 语言中输入输出的精彩世界,解锁其中的奥秘,助你轻松驾驭键盘和屏幕!

学习目标

☞ 理解字符常量与转义字符;
☞ 掌握字符输入函数 getchar( )与字符输出函数 putchar( )的使用方法;
☞ 掌握数据的格式化输出函数 printf( )与数据的格式化输入函数 scanf( )的用法。

4.1　知识学习点拨

4.1.1　单个字符的输入输出

1. 字符常量

　　C 语言中的字符常量是用单引号括起来的一个字符。把字符放在一对单引号里的做法,适用于多数可打印字符,但不适用于某些控制字符(如车符、换行符等)。C 语言中用转义字符(Escape Character)即以反斜线\开头的字符序列描述特定的控制字符。输入输出中涉及的字符'\n',就是一种转义字符,它用于控制输出时的换行处理,即将光标移到下一行的起始位置。屏幕上的一行通常被划分成若干个域,相邻域之间的交界点称为"制表位",每个域的宽度就是一个 Tab 宽度,有些开发环境对 Tab 宽度的默认设置为 4,而有些则为 8,多数人习惯上将其设置为 4。注意当转义序列出现在字符串中时,是按单个字符计数的。例如,字符串"abc\n"的长度是 4,而非 5。因为字符'\n'代表 1 个字符。

2. 字符的输入/输出

　　在 C 语言中,字符是常见的数据类型,它是最小的文本单位,通常表示单个字母、数字或符号。C 标准函数库中专门用于字符输入/输出的函数有 getchar( )和 putchar( )。函数 putchar( )的作用是把一个字符输出到屏幕的当前光标位置。而函数 getchar( )的作用是从键盘读字符。当程序调用 getchar( )时,程序就等待用户按键,用户从键盘输入的字符会被首先放到输入缓冲区中,直到用户按下回车键为止。当用户键入回车后,getchar( )才开始从标准输入流中读取字符,并且每次调用只读取一个字符,其返回值是用户输入的字符的 ASCII 码,若遇到文件结尾(end - of - file),则返回 -1,且将用户输入的字符回显到屏幕上。如果用户在按回车之前输入了多个字符,那么其他字符会继续留在输入缓存区中,等待后续 getchar( )函数调用来读取,即后续的 getchar( )调用直接从缓冲区中读取字符,直到缓冲区中符(包括回车)全部读完后,才会等待用户按键,只要缓冲区中有字符就不会等待用户的操作,注意 getchar 是没有参数的,返回值是从终端读入的字符。

4.1.2　数据的格式化屏幕输出

1. 函数 printf( )的一般格式

printf(格式控制字符串); printf(格式控制字符串, 输出值参数表); 其中, 格式控制字符串(Format String)是用双引号括起来的字符串, 也称转换控制字符串, 输出值参数表中可有多个输出值, 也可只输出一个字符串。一般情况下, 格式控制字符串包括两部分:格式转换说明(Format Specifier)和需原样输出的普通字符。格式转换说明由%开始, 并以转换字符(Conversion Character)结束, 用于指定各输出值参数的输出格式。输出值参数表是需要输出的数据项的列表, 输出数据项可以是变量或表达式, 输出值参数之间用逗号分隔, 其类型应与格式转换说明符相匹配。每个格式转换说明符和输出值参数表中的输出值参数一一对应, 没有输出值参数时, 格式控制字符串中不再需要格式转换说明符。C 语言中%d、%f、%c 和%s 等是用来指定输出格式的转换说明字符, 又称转换字符, 它们分别表示输出整数、浮点数、字符和字符串, 当然还有%o、%x、%e、%g、%u 等有待大家去验证。

2. 函数 printf( )的格式修饰符

在 C 语言中, 在函数 printf( )的格式说明中, 还可在%和格式符中间插入格式修饰符于对输出格式进行微调, 如指定输出数据域宽(Field of Width)、显示精度即小数点后显示的数位数、左对齐等, 如%4d 表示输出十进制整数, 宽度最小为 4, 如果实际宽度大于 4 则原样输出, 如果小于则左边空格补齐。%8.1f 表示输出浮点数, 宽度为 8, 不足左空格补齐, .1 表示留 1 位小数点。%.6s 表示输出字符串的最大长度。%6s 表示左对齐, %-6s 表示右对齐。

4.1.3　数据的格式化键盘输入

1. 函数 scanf( )的一般格式

scanf( )(格式控制字符串, 参数地址表); 其中, 格式控制字符串是用双引号括起来的字符串, 它包含格式转换说明符和分隔符两个部分。格式转换说明由%开始, 并以字符(Conversion Character)结束, 常用格式说明符为%d、%o、%x、%c、%s、%f 或者%e 等。参数地址表是若干变量的地址组成的列表, 参数之间用逗号分隔。scanf 的变量前要带一个&符号, &称为取地址符, 也就是获取变量在内存中的地址, C 语言编译系统通过"&"取地址运算符获取变量 a 的地址, 然后使用终端输入设备改变变量 a 的值。

2. 函数 scanf( )的格式修饰符

与函数 printf()类似,函数 scanf()也可在%和格式符中间插入格式修饰符以对输入格式进行要求。在用函数 scanf()输入数值型数据时,遇到以下几种情况都认为数据输入结束:

(1) 遇空格符、回车符、制表符(Tab);

(2) 达到输入域宽;

(3) 遇非法字符输入。

注意,如果函数 scanf()的格式控制字符串中存在除格式说明符以外的其他字符,那么这些字符必须在输入数据时由用户从键盘原样输入。

4.1.4　常见错误汇总

本章常见错误汇总如表 4.1 所示。

表 4.1　常见错误汇总

常见错误实例	常见错误描述	错误类型
scanf("%d %d",a,b);	没有写地址符	警告提示或者结果错误
scanf("%d %d",&m,&n); printf("%f%f",m,n);	输出地址符和输入不一致	调试错误
printf("m = \n",m);	缺少格式符	运行错误

scanf("a = %d b = %d",&m,&n);
printf("m = %d,n = %d",m,n);
输入:12 13
	输入格式错误	运行结果错误

print("Input a:");printf("Input a:");	关键字书写错误	编译错误
scanf("%d %d,"&m,&n);	格式控制串和地址参数之间,逗号应该在双引号外边	运行错误
scanf("%d,%d",&m,&n); 输入:12 13	输入格式不对	运行错误

4.2　习题分层训练

4.2.1　基础题

1. 在 C 语言中,用 printf 函数输出 char 型数据时,可以使用格式控制符(　　)。
   A. %c　　　　　　B. %s　　　　　　C. %d　　　　　　D. %o

2. 从键盘输入一个整数变量 a,下列正确的语句是(　　)。

　　A. printf("%d",&a)　　　　　　　　B. scanf("%d",&a);

　　C. scanf("%d",a);　　　　　　　　D. printf("%d",a);

3. 正确运行 printf("%d",'A')的输出结果是(　　　)。

　　A. a　　　　　　B. 65　　　　　　C. A　　　　　　D. 65A

4. 若有以下变量说明和数据的输入方式,则正确的输入语句为(　　　)。

变量说明:float x1,x2;

输入方式:3.8〈回车〉

　　　　　　3.6〈回车〉

　　A. scanf ("%f,%f",&x1,&x2);　　　　B. scanf ("%2.1f %2.1f",&x1,&x2);

　　C. scanf ("%f%f",&x1,&x2);　　　　　D. scnaf ("%f%f",&x1,&x2);

5. 设 c1,c2 均是字符型变量,则以下不正确的函数调用为(　　　)。

　　A. scanf("%cc2 = %c",&c1,&c2);　　B. c2 = getchar( );

　　C. putchar(c2);　　　　　　　　　　D. getchar(c1,c2);

6. 使用 getchar 和 putchar 函数进行单个字符输入输出时,需引入(　　　)头文件。

　　A. stdio. h　　　　B. math. h　　　　C. string. h　　　　D. stdlib. h

7. 设 int a = 2637;执行语句 printf("%2d",a);后的输出结果是(　　　)。

　　A. 26　　　　　　B. 37　　　　　　C. 出错　　　　　　D. 2637

8. 以下(　　　)不能输出字符 A 的语句,注:字符 A 的 ASCII 码值为 65。字符 a 的
ASCII 码值为 97。

　　A. printf("%c\n",'a' - 32);　　　　B. printf("%d\n",'C' - 1);

　　C. printf("%c\n",65);　　　　　　　D. printf("%c\n",'B' - 1);

9. 语句 int x = 011;　printf("%d\n", ++ x);输出结果是(　　　)。

　　A. 11;　　　　　　B. 9;　　　　　　C. 10;　　　　　　D. 12;

10. 阅读以下程序:

　　　　♯include 〈stdio. h〉

　　　　int main()

　　　　{

　　　　　　int case;

　　　　　　floatprintF;

　　　　　　scanf("%d%f",&case,&pjrintF);

　　　　　　printf("%d%f\n",case,printF);

　　　　　　return 0;

　　　　}

该程序编译时产生错误,其出错原因是(　　　)。

　　A. 定义语句出错,case 是关键字不能用作用户自定义标识符

　　B. 定义语句出错,printf 不能用作用户自定义标识符

　　C. 定义语句无错,scanf 输入函数格式错误

　　D. 定义语句无错,printf 输出格式错误

4.2.2　提高题

1. 给出以下程序，程序段的输出结果是_____。

```
# include <stdio.h>
int main( )
{
    int a = 2, b = 3;
    printf("a = %%d, b = %%%d\n", a, b);
    return 0；
}
```

2. 给出以下程序，程序段的输出结果是_____。

```
#include <stdio.h>
int main()
{
    int x = 'e';
    printf("%c\n", 'A' + (x - 'a' + 1));
    return 0；
}
```

3. 有以下程序：

```
#include <stdio.h>
int main ( )
{
    char ch1, ch2;
    int n1, n2;
    ch1 = getchar ( );
    ch2 = getchar ( );
    n1 = ch1 - '0';
    n2 = n1 * 10 + (ch2 - '0');
    printf ("%d\n", n2);
    return 0；
}
```

程序运行时输入：12〈回车〉，执行后输出结果是_____。

4. 执行以下程序时输入：1234567〈回车〉，请写出程序运行结果_____。

```
#include <stdio.h>
int main( )
{
    int x, y;
    scanf("%3d% *2s%2d", &x, &y);
    printf("x = %d, y = %d\n", x, y);
```

```
        return 0;
    }
```

5. 假设 m 是一个三位整数,请编程输出 m 的个位、十位、百位反序而成的三位数。

4.2.3 拓展题

编写一个 C 程序,键盘输入 3 个双精度数,求它们的平均值并保留此平均值小数点后一位数,对小数点后第二位数进行四舍五入,最后输出结果。

第 5 章　选择控制结构

引导语

　　学习完了基本数据类型、基本算术运算和键盘输入与屏幕输出等 C 语言基础知识，我们迎来了编程中如同"搭积木"的第一步——选择控制结构。在建筑设计中，考虑到不同时间段和不同区域的照明需求不同，智能照明系统通过选择控制结构可以根据室内外光线水平、人员活动或节能模式来调整灯光亮度和开关时间。例如，在白天根据室内外光线强度自动调整灯光亮度，以节省能源；在夜间根据房间内有无人员活动自动开关灯光，提高使用便捷性和安全性；在土木施工中，施工进度控制结构可以根据天气、材料供应和人力资源的可用性来调整施工计划。通过合理选择控制结构，可以确保施工过程中的协调性和效率，及时应对可能的变更和延期，最大限度地减少成本和工期风险，优化施工进度和资源利用；水库管理系统通过选择控制结构来控制水库的放水和蓄水，以维护流域生态平衡和保障下游水源供应。系统根据水位、降雨量和需水量等因素进行智能调控，以最大程度地减少洪水风险和水资源浪费，同时保护水生态环境的健康。因此，在建筑设计、土木施工和环境保护中，选择控制结构的设计不仅涉及工程技术的优化，还直接影响资源的有效利用、环境的保护和社会的可持续发展。通过合理地选择控制结构设计，可以实现工程项目的高效运作和环境友好的发展目标。

　　在程序设计中，控制结构作为编程的重要框架，决定了程序的逻辑顺序和执行路径。选择合适的控制结构是编程中的关键决策之一。控制结构定义了程序的流程和逻辑，影响着程序的效率和可读性。无论是条件语句、跳转语句还是下一章的循环结构，每种结构都有其独特的应用场景和优势。在学习和应用这些控制结构时，理解问题的要求和程序的执行流程至关重要。通过本章的学习，您将掌握如何根据不同情况灵活运用选择控制结构，从而编写出高效、可靠的程序。掌握好这些"积木"，将为您后续更深入的编程探索奠定坚实的基础。

学习目标

☞ 能写出选择结构基本形式；
☞ 复述关系运算符、逻辑运算符及其优先次序；
☞ 区分关系表达式和逻辑表达式；
☞ 在程序中熟练运用 if 语句、switch 语句。

5.1　知识学习点拨

5.1.1　关系运算与逻辑运算

1. 关系运算

（1）关系运算符

关系运算符用于比较运算符左右两个操作数的大小关系。因此，关系运算符实际上就是"比较运算"，是将两个值进行比较，判断是否符合或满足给定的条件。判断的结果要么是"真"，要么是"假"。在 C 在语言中，"真"用数字 1 表示，"假"用数字 0 表示。

（2）关系表达式

关系表达式是指用关系运算符将变量、常量、表达式连接起来的式子。关系表达式的一般格式如下：

表达式 1　关系运算符　表达式 2

关系运算符两边的"表达式"可以是 C 语言中任意合法的表达式。既可以为算术表达式、逗号表达式、赋值表达式、关系表达式和逻辑表达式，也可以是变量和函数等。

关系表达式的值指关系运算的结果，为逻辑值"真"或"假"，用数字 1 或 0 表示。

2. 逻辑运算

（1）逻辑运算符

逻辑运算表示两个数据或表达式之间的逻辑关系。

（2）逻辑表达式

逻辑表达式是指用逻辑运算符将关系表达式或逻辑量连接起来的式子。逻辑表达式的一般格式如下：

表达式 1　逻辑运算符　表达式 2

逻辑表达式的值指逻辑运算的结果，为逻辑值"真"或"假"，用数字 1 或 0 表示。

5.1.2　逗号运算与条件运算

C 语言除了提供常规的几种运算符外，还有一些特殊用途的运算符，它们在编程中虽然不是必需用的，但是恰当地运用它们会给编程带来很多方便。

1. 逗号运算

逗号运算符是将两个表达式用","连接起来，实现特定的作用，用逗号运算符把两个表达式连接起来的式子就成为逗号表达式。逗号表达式一般格式如下：

表达式 1，表达式 2，表达式 3，……，表达式 n；

逗号表达式的值是最后一个表达式 n 的值，其求解过程是：从左到右依次求解表达式 1，表达式 2，……，表达式 n。例如，逗号表达式 $a=3*8,a+2$；先求 $a=3*8$，得 24，然后求解 $a+2$，得 26，因此整个逗号表达式的值为 26。

2. 条件运算

条件运算符是 C 语言中唯一的三目运算符,即它需要 3 个数据或表达式构成条件表达式。条件运算一般格式如下:

　　　表达式 1? 表达式 2:表达式 3

如果表达式 1 成立,则表达式 2 的值是整个表达式的值,否则表达式 3 的值是整个表达式的值。例如,将变量 a、变量 b 中最大的放在变量 max 中,利用条件运算完成:max = a>b? a:b。

5.1.3　选择结构 if 语句

1. if 语句形式

if 在英文中的含义是"如果",也就意味着判断。C 语言用 if 语句可以构成分支结构。它根据给定的条件进行判断,以决定执行某个分支程序段。if 语句一般格式如下:

　　　if(表达式)　 语句

其中,表达式一般为逻辑表达式或关系表达式。语句可以是一条简单的语句或多条语句,当为多条语时,需要用"{}"将这些语句括起来,构成复合语句。

if 语句的执行过程是:当表达式的值为真(非 0)时,执行语句,否则直接执行 if 语句下面的语句。

2. if-esle 语句形式

if 语句只允许在条件为真时指定要执行的语句,而 if-else 语句还可以在条件为假时指定要执行的语句。if-else 语句的一般格式如下:

　　　if(表达式)

　　　语句 1

　　　else

　　　语句 2

if-else 语句的执行过程是:当表达式为真(非 0)时,执行语句 1,否则执行语句 2。

3. if-else-if 语句形式

编程时常常需要判定一系列的条件,一旦其中某一个条件为真就立刻停止。这种情况可以采用 if-else-if 语句,其一般形式如下:

　　　if(表达式 1)　　　　　　　语句 1

　　　else if(表达式 2)　　　　　语句 2

　　　else if(表达式 3)　　　　　语句 3

　　　…

　　　else if(表达式 n)　　　　　语句 n

　　　else　　　　　　　　　　　语句 $n+1$

if-else-if 语句的执行过程是:依次判断表达式的值,当出现某个值为真时,则执行其对应的语句,然后跳到整个 if 语句之外继续执行程序。如果所有的表达式都为假,则执行最后一个 else 后的语句,然后继续执行后续程序。

4. if 语句的嵌套

if 语句的嵌套是指在 if 语句中又包括一个或多个 if 语句。内嵌的 if 语句可以嵌套在

if 子句中,也可嵌套在 else 子句中。

(1) 在 if 子句中嵌套具有 else 子句的 if 语句。

> if(表达式 1)
> 〔　if(表达式 2)　　语句 1
> 　　else　　　　　语句 2〕
> else
> 语句 3

当表达 1 的值为非 0 时,执行内嵌的 if-else 语句;当表达式 1 的值为 0 时,执行语句 3。

(2) 在 if 子句中嵌套不含 else 子句的 if 语句。

> if(表达式 1)
> 〔　if(表达式 2)　　语句 1〕
> else
> 语句 2

用"〔〕"把内层 if 语句括起来,在语法上成为一条独立的语句,使得 else 与外层的 if 配对。

(3) 在 else 子句中嵌套具有 else 子句的 if 语句。

> if(表达式 1)　　　　语句 1
> else if(表达式 2)　　语句 2
> else　　　　　　　语句 3

第 2 个 if 语句作为第 1 个 if 表达式 1 不成立时的执行语句。当表达式 2 成立时执行语句 2,不成立时执行语句 3。

(4) 在 else 子句中嵌套不含 else 子句的 if 语句。

> if(表达式 1)　　　　语句 1
> else if(表达式 2)　　语句 2

第 2 个 if 语句作为第 1 个 if 表达式 1 不成立时的执行语句。当表达式 2 成立时执行语句 2,不成立时什么都不执行。

5. if 与 else 的配对规则

if 语句在出现嵌套形式时,初学者往往会弄错 if 与 else 的配对关系,特别地,当 if 与 else 的数量不对等时。因此,必须掌握 if 与 else 的配对规则。C 语言规定 else 与其上面最接近它、还未与其他 else 语句配对的 if 语句配对。

同时从书写格式上也要注意程序的层次感,优秀的程序员应该养成这种习惯,以便他人阅读和自己修改程序。注意:书写格式不能代替程序逻辑。

5.1.4　选择结构 switch 语句

if 语句只能实现两路分支,在两种情况中选择其一执行。虽然嵌套的 if 语句可以实现多路的检验,但有时不够简洁。某些程序运行中多达数个分支,用 if…else 语句可以根据条件沿不同支路向下执行,但程序的层次太多,显得繁琐,在一定程度上影响了可读性。为此 C 语言提供了实现多路选择的另一种语句——switch 语句,称为开关体语句。switch 语句一般形式如下:

```
switch(表达式)
{
        case 常量表达式 1：       语句 1；
        case 常量表达式 2：       语句 2；
        ……                      …
        case 常量表达式 n：       语句 n；
        default：               语句 n + 1；
}
```

switch 语句的执行过程是：先计算 switch 后面表达式的值，与某个 case 后面常量表达式的值相等时，就执行此 case 后面的所有语句，直到遇到 break 语句或 switch 的结束"}"才结束。如果 case 后无 break 语句，则不再进行判断，继续执行随后所有的 case 后面的语句。如果没有找到与此值相匹配的常量表达式，则执行 default 后的语句 m；若无 default 子句，则执行 switch 语句后面的其他语句。

5.1.5　常见错误汇总

本章常见错误汇总如表 5.1 所示。

表 5.1　常见错误汇总

常见错误实例	常见错误描述	错误类型
误把"="作为"等于"运算符	C 语言中表达判等的运算符关系运算符"=="	运行错误
忘记必要的逻辑运算符，使用数学领域的表示方式：3<x<6	应用到 C 语言的编程中，应该为 x>3&&x<6	编译错误
用复合语句时漏掉大括号	'{'和'}'需要两两配对	编译错误
if(表达式)后加上了分号	如果误加了分号，在程序编译过程中，并不会报错，但是无法实现预定的目标	运行错误

5.2　习题分层训练

5.2.1　基础题

1. 以下不能正确判断 char 类型变量 c 是否是小写字母的表达式是（　　　）。
   A. c>=97&&c<=122
   B. 'a'<=c<='z'
   C. 'a'<=c&&c<='z'
   D. c<=('A'+32)&&c>=('Z'+32)

2. 以下表达式，能正确表示 x 不等于 0 的是（　　　）。
   A. x<>0
   B. ! x
   C. x==0
   D. x

3. 设变量 a 和 b 均已正确定义并赋值,以下 if 语句中,在编译时将产生错误信息的是( )。

A. if(a++);   B. if(a>b&&b! =0);

C. if(a>b) a--   D. if(b<0) {;}
  else b++;   else a++;

4. 在嵌套使用 if 语句时,C 语言规定 else 总是( )。

A. 和之前与其具有相同缩进位置的 if 配对

B. 和之前与其最近的 if 配对

C. 和之前与其同层最近的 if 配对

D. 和之前的第一个 if 配对

5. 以下程序段的输出结果是( )。

```
int n=9;
if (n++<10)   printf("%d\n", ++n);
else printf("%d\n",n-- );
```

A. 11   B. 10   C. 9   D. 8

6. 有以下程序段:

```
int a = -1,b=1,c=0;
if (c=a+b) printf("c=a+b\n");
else printf("c! =a+b\n");
```

以下说法正确的是( )。

A. 输出 c=a+b   B. 输出 c! =a+b

C. 有语法错   D. 通过编译,但链接出错

7. 设有定义:int a=1,b=2,c=3;以下语句中执行效果与其他三个不同的是( )。

A. if (a>b)c=a,a=b,b=c;   B. if (a>b) {c=a,a=b,b=c;}

C. if (a>b)c=a;a=b;b=c;   D. if (a>b) {c=a;a=b;b=c;}

8. 以下程序段的输出结果是( )。

```
int x,y,z;
x=1;y=5;z=3;
if (x<y) x=y,y=z;z=x;
printf("x=%d,y=%d,z=%d\n",x,y,z);
```

A. x=1,y=5,z=1   B. x=1,y=5,z=3

C. x=1,y=3,z=1   D. x=5,y=3,z=5

9. 以下程序的输出结果是( )。

```
#include <stdio.h>
int main()
{
    int a=2,b=-1,c=2;
    if (a>b)
        if(b>0)   c=0;
        else c=c+1;
```

```
        printf("c=%d\n",c);
    }
```
　　A. 3　　　　　　　B. 2　　　　　　　C. 1　　　　　　　D. 0

10. 有以下程序：

```
#include〈stdio.h〉
main()
{
    int x;
    scanf("%d",&x);
    if (x<=3);  else
    if (x!=10) printf("%d\n",x);
}
```

　　程序运行时，输入的值在哪个范围才会有输出结果(　　　)。

　　A. 不等于 10 的整数　　　　　　B. 大于 3 且不等于 10 的整数
　　C. 大于 3 或者等于 10 的整数　　D. 小于 3 的整数

11. 若有说明语句：

　　int x=3,y=4,z=4;

则表达式(z>=y>=x)?1:0 的值是(　　　)。

　　A. 0　　　　　　　B. 1　　　　　　　C. 3　　　　　　　D. 4

12. 若有说明语句：

　　int w=3,x=1,y=2,z=4;

则表达式 w<x?w:z>y?z:x 的值是(　　　)。

　　A. 4　　　　　　　B. 3　　　　　　　C. 2　　　　　　　D. 1

13. 以下程序段中，与语句：k=a>b?(b>c?1:0):0;功能相同的是(　　　)。

　　A. if ((a>b)&&(b>c))　k=1;　　　B. if ((a>b)||(b>c))　k=1;
　　　　else k=0;　　　　　　　　　　　else　k=0;
　　C. if (a<=b)　k=0;　　　　　　　D. if (a>b)　k=1;
　　　　else if (b<=c)　k=1;　　　　　　else if (b>c)　k=1;
　　　　　　　　　　　　　　　　　　　　else k=0;

14. 若有定义：float x=2.6;int a=2,b=1,c=1;,则正确的 switch 语句是(　　　)。

　　A. switch(x)　　　　　　　　　　B. switch((int)x);
　　　　{case 2.0:printf("#\n");　　　　{case 2:printf("#\n");
　　　　case3.0:printf("##\n");}　　　　case 3:printf("##\n");}
　　C. switch(a+b)　　　　　　　　　D. switch(a+b)
　　　　{case 1:printf("#\n");　　　　　{case 3:printf("#\n");
　　　　case 2+1:printf("##\n");}　　　　case c:printf("##\n");}

15. 以下程序段的输出结果是(　　　)。

```
int x=0,y=0,z=0;
switch(x)
{
```

```
        case 0:z++;
        case 1:y++;break;
        case 2:y++;z++;
    }
    printf("y=%d,z=%d",y,z);
```
A. y=0,z=0   B. y=0,z=1   C. y=1,z=1   D. y=2,z=2

5.2.2 提高题

1. 以下程序的运行结果是_____。
```
#include <stdio.h>
int main()
{
    char c='*';
    if('a'<=c<='z')printf("小写字母");
    else printf("不是小写字母");
}
```

2. 以下程序的运行结果是_____。
```
#include <stdio.h>
int main()
{
    int a=2,b=6,c=8,t=100;
    if(b)
    if(a)
    printf("%d%d",a,b);
    printf("%d%d",c,t);
}
```

3. 以下程序的运行结果是_____。
```
#include <stdio.h>
int main()
{
    int x;
    x=15;
    if(x>20)printf("%d",x-10);
    if(x>10)printf("%d",x);
    if(x>3)printf("%d\n",x+10);
}
```

4. 以下程序的运行结果是_____。
```
#include <stdio.h>
int main()
```

```
    {
        int s=10;
        switch(s/3)
        {   case 1：  printf("One");
            case 2：printf("Two");
            case 3：printf("Three");
            default：printf("Over");
        }
    }
```

5. 以下程序的运行结果是_____。

```
    int main()
    {
        int a=2,b=7,c=5;
        switch(a>0)
        { case 1：switch(b>0)
            { case 1：printf("@"); break;
              case 2：printf("!"); break;
            }
        case 0： switch(c! =5)
            { case 0： printf(" * "); break;
              case 1：printf(" # "); break;
              case 2：printf(" $ "); break;
            }
        default ： printf("&");
        }
        printf("\n");
    }
```

6. 编程实现,输入一个整数,判断其是否是 3 的倍数。

7. 编程实现,输入一个年份,判断其是否是闰年(如果年号能被 400 整除,或能被 4 整除,而不能被 100 整除,则是闰年,否则不是)。

8. 编程实现,某银行跨行转账时一律按 1‰收取手续费,最低 1 元,最高 50 元。输入转账金额,输出应收手续费。

5.2.3　拓展题

1. 编程实现,随机生成一道 20 以内的四则运算题,运算数和运算符(+ , − , * , /)都要随机生成。用户输入答案,如果答案正确,则输出"恭喜你,答对啦!",否则输出"再想想吧!"

2. 编程实现,输入某年某月,输出该月有多少天。例如输入:2000 − 2,则输出 2000 年 2 月有 29 天。

第6章 循环控制结构

引导语

通过前几章顺序控制结构和选择控制结构的学习,我们进入了处理生活中循环性问题的重要阶段——学习循环控制结构。举例来说,在建筑设计中,空调系统通常会使用循环控制结构来调节室内温度。系统会周期性地检测室内温度,如果温度高于设定值,就会启动制冷循环,直到温度降至设定范围内再停止。这种循环结构确保了室内环境的舒适性,并在节能方面有显著效果。在污水处理厂,循环控制结构可以用来控制处理过程中各个阶段的水流和化学添加剂的投入。例如,通过定时循环控制结构来调节曝气池中的搅拌和通气,以促进生物降解过程;或者在沉淀池中利用循环控制结构调整混合速度,确保悬浮物沉淀效果良好。这些循环控制结构不仅提高了污水处理效率,还降低了运行成本和环境影响。因此在工程应用中,循环控制结构的合理设计能有效地优化系统运行,提升资源利用效率,实现可持续发展的目标。

在程序设计中,使用循环结构允许我们重复执行特定的代码块,直到满足指定条件为止。无论是处理数据集合、模拟事件序列还是简化重复任务,循环控制结构都能极大提升程序的效率和灵活性。在本章中,我们将深入探讨不同类型的循环(如 while 循环、do-while 循环和 for 循环),学习如何选择合适的循环结构以及如何避免常见的循环陷阱。通过掌握循环控制结构,您将能够更加自信和高效地解决生活中各种需要重复处理的编程挑战。

学习目标

☞ 能写出循环的基本形式;

☞ 阐述循环的特点;

☞ 在程序中实现循环的 while、do-while、for 语句;

☞ 正确使用几种循环的嵌套以及 break、continue 语句。

6.1　知识学习点拨

6.1.1　循环程序结构

1. while 循环

循环是指使用一定条件对同一个程序段重复执行若干次。循环体是指被重复执行的部分(可能由若干语句组成)。while 语句一般格式如下：

　　　while(表达式)　语句

其中,"表达式"是循环条件,"语句"是循环体,既可以是一个简单语句,也可以是复合语句。

　　while 语句是"先判断,后执行"。即首先计算条件表达式的值,如果表达式的值为非 0(真),则执行循环体语句;重复上述操作,直到表达式的值为 0(假)时才结束循环。如果刚进入循环时条件就不满足,则循环体一次也不执行。

2. do-while 循环

do-while 语句一般格式如下：

　　　do

　　　循环体语句

　　　while(表达式);

　　首先执行循环体中的语句一次,然后计算表达式的值,若为真(非 0)则继续执行循环体,再计算表达式的值,当表达式的值为假(0)时,终止循环,执行 do-while 语句后的下一条语句。

3. for 循环

for 语句一般格式如下：

　　　for(表达式 1;表达式 2;表达式 3)　循环体语句

其中,表达式 1 称为初始化表达式,用于给出循环初值;表达式 2 称为条件表达式,用于给出循环条件;表达式 3 称为修正表达式,用来控制变量的变化,多数情况下为自增或自减表达式,实现对循环变量值的修正。它是在执行完循环体后才执行的。

　　因此,for 语句可以理解为：

　　　for(循环变量赋初值 1;循环条件;修正循环变量)

　　　{循环体语句}

　　　for 语句的执行过程如下：

　　(1) 首先计算表达式 1 的值。

　　(2) 再计算表达式 2 的值,若值为真(非 0),则执行循环体一次,否则跳出循环。

　　(3) 然后再计算表达式 3 的值,转回第 2 步重复执行。在整个 for 循环过程中,表达式 1 只计算一次,表达式 2 和表达式 3 则可能计算多次。循环体可能多次执行,也可能一次都不执行。

6.1.2 循环的嵌套和特殊控制语句

1. 循环的嵌套

循环的嵌套是指一个循环体内又包含另一个完整的循环结构,也称多重循环。内嵌的循环中还可以嵌套循环,形成多重循环。一个循环的外面包含一层循环称为双重循环。

for 语句、while 语句、do-while 语句本身可以嵌套,也可以相互嵌套,自由组合,构成多重循环。但需要注意的是,各个循环必须完整包含,相互直接绝对不允许有交叉现象。

(1) for()
　　{…
　　while()
　　{…}
　　…
　　}

(2) do
　　{…
　　for()
　　{…}
　　…
　　}while();

(3) while()
　　{…
　　for()
　　{…}
　　…
　　}

(4) for()
　　{…
　　for()
　　{…}
　　}

2. 三种循环语句的比较

(1) while 语句和 for 语句都是先判断后循环,而 do-while 语句是先循环后判断。do-while 语句循环要执行一次循环体,而 while 语句和 for 语句在循环条件不成立时,循环体一次也不执行。

(2) while 语句和 do-while 语句的表达式只有一个,控制循环结束的作用,循环变量的初值等都用其他语句完成;for 语句可有三个表达式,不仅有控制循环结束的作用,还可给循环变量赋初值。

(3) 三种循环都能嵌套,而且它们之间还能混合嵌套。

(4) 三种循环都能用 break 结束循环,用 continue 开始下一次循环。

（5）对于同一问题，三种语句均可解决，但方便程度视具体情况而异。

6.1.3　特殊控制语句

1. break 语句

break 语句只能用在循环语句和多分支选择结构 switch 语句中。当 break 语句用于 switch 语句中时，可使程序跳出 switch 语句而继续执行 switch 语句下面的一个语句；当 break 语句用于 while 语句、do-while 语句和 for 循环语句中时，可用于从循环体内跳出，即使程序提前结束当前循环，转而执行该循环语句的下一个语句。break 语句一般格式如下：

  break；

break 语句对于减少循环次数，加快程序执行起着重要的作用。

2. continue 语句

continue 语句的作用为结束本次循环，即跳过循环体中尚未执行的语句，接着进行循环条件的判定。continue 语句的一般格式如下：

  continue；

6.1.4　结构化程序设计思想

1. 结构化程序设计方法

一个结构化程序就是用高级语言表示的结构化算法。用 3 种基本结构组成的程序必然是结构化的程序，这种程序便于编写、阅读、修改和维护，可以减少程序出错的机会，提高程序的可靠性，保证程序的质量。

结构化程序设计强调程序设计的风格和程序结构的规范化，提倡清晰的结构。

结构化程序设计方法的基本思路是：把一个复杂问题的求解过程分阶段进行，每个阶段处理的问题都控制在人们容易理解和处理的范围内。具体来说就是采取自上向下、逐步细化、模块化设计和结构化编码来保证得到结构化的程序。

2. 结构化程序设计优点

（1）结构化构造减少了程序的复杂性，提高了可靠性、可测试性和可维护性。

（2）使用少数基本结构，使程序结构清晰，易读易懂。

（3）容易验证程序的正确性。

6.1.5　向函数传递二维数组

一维数组可以作为函数参数传递，二维数组也可以作为参数传递。二维数组的数组名作为数组的首地址，即作为二维数组中第一行第一个元素的地址。只是二维数组作为形参传递时第一维的长度可以省略，而第二维的长度不能省略。因为数组元素在内存中是按行的顺序连续存储的，编译器须知道一行中有多少个元素（即列的长度）。若要找预访问的数组元素，编译器需要事先知道跳过多少个存储单元才能来确定数组元素在内存中的位置。否则编译器无法确定第二行从哪里开始。

二维数组作为参数传递，数组首地址传给被调函数后，形参和实参数组具有相同的首地址,实际上占用的也是同一段存储单元。因此当被调函数修改形参数组元素时,实际上也是在修改实参数组中的元素值。

6.1.6　常见错误汇总

本章常见错误汇总如表6.1所示。

表 6.1　常见错误汇总

常见错误实例	常见错误描述	错误类型
忘记给变量赋初值	在计算累加或阶乘问题时,初学者很容易忘记给变量赋一个合理的初值	编译错误
大括号不匹配	各种控制结构的嵌套,有些左右大括号相距可能较远,这就可能会忘掉右侧的大括号而造成大括号不匹配	编译错误
while(i<＝10);	while(i<＝10);多加了分号,相当于一条空语句,条件成立,程序不执行任何操作。编译过程中没有任何报错信息,但是程序不能输出结果	运行错误
for 语句表达式之间使用逗号	for 语句中的各个表达式都可以省略,分号分隔符不能省略	编译错误

6.2　习题分层训练

6.2.1　基础题

1. 要实现利用 while 循环读入一串字符,以 ＊ 结束,并原样输出。假设变量已正确定义,以下程序段正确的是(　　　　)。

    A. while((ch＝getchar( ))!＝'＊') printf("%c",ch);

    B. while(ch＝getchar( )!＝'＊') printf("%c",ch);

    C. while(ch＝getchar( )＝＝'＊') printf("%c",ch);

    D. while((ch＝getchar( ))＝＝'＊') printf("%c",ch);

2. 以下选项,与语句 while(!a);中的循环条件!a 等价的是(　　　　)。

    A. a＝＝0　　　　　B. a!＝1　　　　　C. a!＝0　　　　　D. －a

3. 当输入"sun? ny"时,以下程序段的执行结果是(　　　　)。

    ```
    char ch;
    while((ch＝getchar())!＝'?')  putchar(++ch);
    ```

    A. sun? ny　　　　B. tvooz　　　　C. sun　　　　D. tvo

4. 若变量已正确定义,以下程序段的输出结果是(　　)。

```
int x = 4;
while(x--)  printf("%d ",x--);
```

A. 2 0　　　　　　　B. 3 1　　　　　　C. 3 2 1　　　　　D. 2 1 0

5. 对于以下程序段,说法正确的是(　　)。

```
int x = 0;
while(x = 1)  x++;
```

A. 陷入死循环　　　　　　　　　　　B. 有语法错误

C. 循环体一次也不执行　　　　　　　D. 循环体执行一次

6. 对于以下程序段,说法正确的是(　　)。

```
int x = 1,s = 0;
while(x<10);
{  s = s + x;
   x++;
}
printf("s = %d",s);
```

A. 程序运行结果为 s = 45　　　　　　B. 程序运行结果为 s = 0

C. 程序有语法错误　　　　　　　　　D. 陷入死循环

7. 下面程序的功能是将小写字母变成对应大写字母后的第二个字母,例如 a 变成 C,y 变成 A,z 变成 B。空白处应该填入(　　)。

```
#include <stdio.h>
int main()
{
    char c;
    while((c = getchar())! = '\n')
    { if (c>='a'&&c<='z')
          c - = 30;
      if (c>'Z'&&c<='Z' + 2)


          printf(" %c",c);
    }
}
```

A. c = 'A'　　　　　　B. c = 'B'　　　　　　C. c - = 26;　　　　　D. c = c + 26

8. 对以下程序段的功能描述正确的是(　　)。

```
int i,s = 0;
for(i = 0;i<10;i + = 2)    s + = i + 1;
printf("%d\n",s);
```

A. 自然数 1~9 的累加和　　　　　　B. 自然数 1~10 之间的累加和

C. 自然数 1~9 中的奇数之和　　　　D. 自然数 1~10 中的偶数之和

9. 以下程序段的输出结果是(　　)。

```
chari;
for(i='a';i<'i';i++,i++)
    printf("%c",i-32);
```

  A. 有语法错误   B. ACEG   C. ACEGI   D. ABCEDEFGH

10. 以下程序段不是死循环的是(　　　)。

  A. int i;
   for(i=0;i<100;);i++

  B. int i;
   for(i=0;;i++);

  C. int i;
   for(i=0;1;i++);

  D. int i;
   for(i=1;i>=0;i++);

11. 执行语句:for(i=1;i++<4;);后,变量 i 的值是(　　　)。

  A. 3   B. 4   C. 5   D. 6

12. 以下程序的输出结果是(　　　)

```
#include <stdio.h>
int main()
{
    char b,c;
    int i;
    b='a';c='A';
    for(i=0;i<6;i++)
    { if (i%2)  putchar(i+b);
        else putchar(i+c);
    }
}
```

  A. ABCDEF   B. AbCdEf   C. aBcDeF   D. abcdef

13. 在 C 语言中,while 和 do-while 循环语句的主要区别是(　　　)。

  A. while 语句的循环条件比 do-while 循环的循环条件更严格

  B. do-while 语句的循环体至少执行一次,但 while 语句的循环体可能一次也不执行

  C. do-while 语句的循环体可以是复合语句,但 while 语句不可以

  D. do-while 语句的循环体可能一次也不执行,但 while 语句的循环体至少执行一次

14. 有以下程序:

```
#include <stdio.h>
int main()
{
    int s;
    scanf("%d",&s);
    while (s>0)
    { switch(s)
        { case 1: printf("%d",s+5);
```

```
            case 2:printf("%d",s+4);break;
            case 3:printf("%d",s+3);
               default:printf("%d",s+1); break;
            }
            scanf("%d",&s);
         }
      }
```

运行时,若输入 1 2 3 4 5 0〈回车〉,则输出结果是（　　　）。

　　A. 6566456　　　　　B. 66656　　　　　C. 66666　　　　　D. 6666656

15. 以下程序中,while 循环的循环次数是（　　）

```
      int main()
      {
         int i=0;
         while(i<10)
         {   if (i<1)    continue;
            if (i==5)    break;
            i++;
         }
      }
```

　　A. 1　　　　　　　B. 10　　　　　C. 6　　　　　　D. 死循环,不能确定次数

6.2.2　提高题

1. 执行以下程序时,当输入 abc * 0123<CR>时,while 循环体将执行_____次。

```
      ♯ include 〈stdio. h〉
      int main()
      {
         char ch;
         while((ch=getchar())=='*') printf("♯");
      }
```

2. 以下程序的输出结果是_____。

```
      ♯ include 〈stdio. h〉
      int main()
      {
         int data=13579,units;
         while(data! =0){ units=data%10; printf("%d",units); data/=10;}
      }
```

3. 程序功能为:计算表达式 $1-1/2+1/3-1/4+\cdots+1/99-1/100\cdots$ 的值,直到最后一项的绝对值小于 $10-5$ 为止。请填空。

```
      ♯ include 〈stdio. h〉
```

```
int main()
{
    _____;
    float sign = 1, sum = 0;
    while(_____)
    {
        sum = sum + _____;
        sign = - sign;
        n ++ ;
    }
    printf("sum = %f\n", sum);
}
```

4. 以下程序的输出结果是_____。

```
#include <stdio.h>
int main()
{
    int a = 1, b = 7;
    do{ b = b/2; a += b; }while(b>1);
    printf("%d\n", a);
}
```

5. 若有定义: int k;, 以下程序段的输出结果是_____。

```
for(k = 2; k<6; k ++, k ++)   printf("# #%d", k);
```

6. 以下程序的输出结果是_____。

```
#include <stdio.h>
int main()
{
    char c1, c2;
    for(c1 = '0', c2 = '9'; c1<c2; c1 ++, c2 --)
        printf("%c%c", c1, c2);
}
```

7. 以下程序的输出结果是_____。

```
#include <stdio.h>
int main()
{
    int i;
    for(i = 'a'; i< 'f'; i ++, i ++) printf("%c", i - 'a' + 'A');
    printf("\n");
}
```

8. 以下程序的输出结果是_____。

```
#include <stdio.h>
```

```
int main()
{
    int i,j,sum;
    for(i=3;i>=1;i--)
    {   sum=0;
        for(j=1;j<=i;j++)    sum+=i*j;
    }
    printf("%d\n",sum);
}
```

9. 编写程序,计算一个整数的位数。例如,输入:123,则输出:123 是 3 位数。

10. 一张纸的厚度假设是 0.1 毫米,如果这张纸足够大,并且可以无限地折叠,编写程序,计算这张纸折叠多少次可以到达珠穆朗玛峰的高度(珠穆朗玛峰最新高度是使用我国自主研发的北斗全球卫星导航系统高精度定位所得的 8848.86 米)。

11. 编写程序,利用辗转相除法求两个整数的最大公约数。辗转相除法又称欧几里得算法,主要过程是设两数为 m,n,且 $m>n$。① 如果 m 除以 n 的余数为 0,n 就是两数的最大公约数,程序结束,否则转至②执行;② m 除以 n 得余数 t,令 $m=n,n=t$;③ 转到①继续执行。

12. 编写程序,输入 n 个整数,求这 n 个整数中的最大数、最小数和偶数平均数。

6.2.3　拓展题

1. 编程实现,求满足不等式 $1\times2+2\times3+3\times4+\cdots+n\times(n+1)>$value 的 n 的最小值,value 为大于 1 的正整数(建议使用 do-while)。

2. 编程实现倒计时程序(只有分:秒即可)。例如,用户输入:10:20,则程序从 10 分 20 秒倒计时开始,到 0 分 0 秒计时结束。

3. 编程实现,求出 a~b 之间的最小水仙花数(a 与 b 都是 3 位数)。例如,输入:100~200,则输出:100~200 之间的最小水仙花数是 153;输入:200~300,则输出:200~300 之间没有水仙花数。水仙花数是指它的每位上的数字的 3 次幂之和等于它本身的一个三位数。

第 7 章　函数与模块化程序设计

引导语

　　学习完控制结构后,我们迎来了编程中的一个重要转折点——函数与模块化程序设计。在建筑设计中,函数与模块化设计可以用来进行建筑能源效率评估。设计师可以编写不同的函数来模拟建筑在不同季节和不同天气条件下的能耗情况。这些函数可以包括计算采光效果、隔热材料的性能、空调系统的能效比等因素。通过模块化设计,可以将这些函数独立开发和测试,然后在整体评估中组合使用,从而更准确地预测建筑的能源消耗,并优化设计以达到节能减排的目标;在土木施工中,项目管理团队可以开发函数来模拟不同施工阶段的工作量、材料需求和人力资源的安排。这些模块化函数可以用于计算施工的总体进度、每日工作量的分配和资源的调度。通过模块化设计,施工管理团队能够更有效地规划和执行项目,确保施工进度按计划进行,避免资源浪费和延误;开发一个模块化函数来模拟水库的水位变化、降雨对河流流量的影响以及水文周期的预测。函数与模块化设计理念也可以应用于水资源管理模型的搭建,例如,开发一个模块化函数来模拟水库的水位变化、降雨对河流流量的影响以及水文周期的预测。这些模块化函数可以根据不同的水文条件和气候变化进行调整,用于评估水资源的供需平衡、洪水预警和生态流量维护等方面,进而帮助水资源管理者更精确地制定管理策略,保护和有效利用水资源。

　　在程序设计中,函数是程序中组织和重用代码的关键工具,它们能够将复杂的任务分解为小块,使代码更加清晰、可维护和可扩展。在本章中,我们将探索如何定义和调用函数,理解函数的参数传递和返回值机制,并学习如何利用函数来实现程序的模块化。通过掌握函数和模块化程序设计的技能,您将能够更高效地编写复杂程序,提升代码的复用性和可读性,为后续深入学习和实际应用打下坚实基础。

 学习目标

- ☞ 了解函数的用法,掌握函数的调用、函数的参数和返回值、函数间的参数传递;
- ☞ 理解函数的嵌套调用与递归调用;
- ☞ 了解变量的作用域和存储方式。

7.1　知识学习点拨

7.1.1　函数的分类

　　模块化程序设计思想是指将一个较大的程序分为若干个程序模块,每个模块用来实现一个特定的功能。在 C 语言中,用函数来实现模块的功能。一个 C 程序可由一个 main()函数和若干个其他函数构成。由 main()函数调用其他函数,其他函数可以相互调用。同一个函数可以被一个或多个函数调用任意次。在 C 语言中可以从不同的角度对函数分类。

1. 从函数定义角度看

　　函数可分为库函数和用户定义函数两种。

　　(1) 库函数

　　库函数是由系统提供的,用户不必自己定义,也不必在程序中做类型说明,只需在程序前包含该函数原型的头文件,即可在程序中直接调用。例如,调用 printf()函数和 scanf()函数时需要在程序开头包含 stdio.h 头文件;调用 sqrt()函数和 log()函数时需要包含 math.h 头文件;调用 strcpy()函数和 strlen()函数时需要包含 string.h 头文件。

　　(2) 用户定义函数

　　由用户按需要编写的函数。对于用户自定义函数,不仅要在程序中定义函数本身,而且在主调函数模块中还必须对该被调函数进行类型说明,然后才能使用。

2. 从对函数返回值的需求状况看

　　C 语言函数又可分为有返回值函数和无返回值函数两种。

　　(1) 有返回值函数

　　此类函数被调用执行完后将向调用者返回一个执行结果,称为函数返回值,例如,数学函数。由用户定义的需要返回函数值的函数,必须在函数定义和函数说明中明确返回值的类型。

　　(2) 无返回值函数

　　此类函数用于完成某项特定的处理任务,执行完成后不向调用者返回函数值。这类函数并非真的没有返回值,程序设计者也不关心它,此时大家关心的是它的处理过程。由于函数无须返回值,用户在定义函数时,可制定它的返回为“空类型”,说明符为 void。

3. 从主调函数和被调函数之间数据传送的角度看

　　C 语言函数又可分为无参函数和有参函数。

　　(1) 无参函数

　　函数定义、函数说明及函数调用中均不带参数,主调函数和被调函数之间不进行参数传送。函数通常用来完成一组制定的功能,可以返回或不返回函数值。

　　(2) 有参函数

　　在函数定义及函数说明时都有参数,称为形式参数(简称“形参”)。在函数调用时也必须给出参数,称为实际参数(简称“实参”)。进行函数调用时,主调函数将把实参的值传送给形参,供被调函数使用。

4．从功能角度看

C语言提供了极为丰富的库函数,这些库函数又可从功能角度分为多种类型。在C语言中,所有的函数定义都是平行的,也就是说,在一个函数的函数体内,不能再定义另一个函数,即不能嵌套定义。但函数之间允许相互调用,也允许嵌套调用,习惯上把调用者称为主调函数。函数还可以自己调用自己,称为递归调用。main()函数是主函数,它可以调用其他函数,而不允许被其他函数调用。

7.1.2　函数的定义、调用和声明

1．函数的定义

函数的定义一般格式如下:

函数类型 函数名(形参及其类型)
{
　　局部变量定义语句;
　　可执行语句序列;
}

其中,① 函数类型函数返回值的数据类型,可以是基本数据类型、void类型、指针类型等。② 函数名是一个有效、唯一的标识符,符合标识符的命名规则。函数名不仅用来标识函数、调用函数,同时它本身还存储着该函数的内存首地址。③ 形参是实现函数功能所要用到的传输数据,它是函数间进行交流通信的唯一途径。由于形参是由变量充当的,所以必须定义类型,定义形参时,在函数名后的括号中定义,形参可以为空,表示没有参数,也可以由多个参数组成,参数之间用逗号隔开。④ 函数体是由{}括起来的一组复合语句,一般包含两部分:声明部分和执行部分。其中,声明部分主要是完成函数功能时所需要使用的变量的定义,执行部分则是实现函数功能的主要程序段。⑤ 对于有返回值的函数,必须用带表达式的return语句来结束函数的允许,返回值的类型应与函数类型相同。如果return语句中表达式的值与函数定义的类型不一致,则以函数定义类型为准,并自动将return语句中的表达式的值转换为函数返回值的类型。

2．函数的调用

函数的使用是通过函数调用语句来完成的。函数调用是指一个函数暂时中断本函数的运行,转去执行另一个函数的过程。C语言通过main()函数来调用其他函数,其他函数之间可相互调用,但不能调用main()函数。函数被调用时获得程序控制权,调用完成后,返回到调用函数中断处继续运行。函数调用的一般格式如下:

函数名(实际参数列表)

按被调用函数在main()函数中出现的位置和完成的功能进行划分,函数调用有以下3种方式:

(1) 把函数调用作为一个语句。例如,printf("sum = %d\n",sum);,以独立函数语句的方式调用函数。

(2) 在表达式中调用函数,这种表达式称为函数表达式。例如,c = 4 * max(a,b);是一个赋值表达式,把4 * max的值赋予变量c。

（3）将函数调用作为另一个函数的实参。例如，printf（"max = %d\n", max（a, b））; 把max 调用的返回值又作为 printf（）函数的实参来使用。

3. 函数的声明

编译程序在处理函数调用时，必须从程序中获得完成函数调用所必需的接口信息。函数的声明是指对函数类型、名称等的说明。为函数调用提供接口信息，对函数原型的声明是一条程序说明语句。

函数原型的声明就是在函数定义的基础上去掉函数体，后面加上分号";"。函数声明定义的一般格式如下：

　　　函数类型　函数名（形参及其类型）;

例如，int max（int a, int b）; 。

之所以需要函数的声明，是为了获得调用函数的权限。如果在调用之前定义或声明了函数，则可以调用该函数。

被声明的函数往往定义在其他的文件或库函数中。可以把不同类型的库函数声明放在不同的库文件中，然后在设计的程序中包含该文件。例如，♯include "math.h"，其中 math.h 文件包含了很多数学函数的原型声明。

这样做的好处是方便调用和保护源代码。库函数的定义代码已经编译成机器码，对用户而言是不透明的，但用户可以通过库函数的原型获得参赛说明并使用这些函数，完成程序设计的需要。

对于用户自定义函数，也可以这样处理。和使用库函数不同的是，经常把自己设计的函数放在调用函数后。例如，习惯先设计 main（）函数，再设计定义的函数，这时候需要超前调用自定义函数，在调用之前需要进行函数原型声明。

C 语言规定以下 3 种情况，可以不在主调函数中对被调函数进行声明：

（1）如果被调函数写在主调函数的前面，可以不必进行声明。

（2）如果函数的返回值为整型或字符型，可以不必进行声明。

（3）如果在所有函数定义之前，在源程序文件的开头，即在函数的外部已经对函数进行了声明，则在各个调用函数中不必再对所调用的函数进行声明。

7.1.3　函数的参数传递与函数返回值

1. 函数的参数传递

函数调用需要向子函数传递数据，一般是通过实参将数值传递给形参。实参向形参的参数传递有两种形式：值传递和地址传递。

（1）值传递是指单向的数据传递（将实参的值赋给形参），传递完成后，对形参的任何操作都不会影响实参的值。

（2）地址传递是指将实参的地址传递给形参，使形参指向的数据和实参指向的数据相同，因而被调函数的操作会直接影响实参指向的数据。

2. 返回语句和函数返回值

一般情况下，主调函数调用完被调函数后，都希望能够得到一个确定的值。在 C 语言中，函数返回值是通过 return 语句来实现的。函数返回值一般格式如下：

　　　return（表达式）;

```
return 表达式；
return；
```

7.1.4 变量的作用域与生命期

1. 变量的作用域

在 C 语言中,用户名命名的标识符都有一个有效的作用域。不同的作用域允许相同的变量和函数出现,同一作用域变量和函数不能重复。

依据变量作用域的不同,C 语言变量可以分为局部变量和全局变量两大类。局部变量是指在函数内部或复合语句内部定义的变量。函数的形参也属于局部变量。全局变量是指在函数外部定义的变量。有时将局部变量称为内部变量,全局变量称为外部变量。

2. 变量的生命期

变量的生命期是指变量值在程序运行过程中的存在时间。C 语言变量的生存期分为静态生命期和动态生命期。

一个程序占用的内存空间通常分为两个部分:数据区和程序区。数据区也可以分为静态存储区和动态存储区。

程序区中存放的是可执行程序的机器指令。静态存储区中存放的是静态数据。动态存储区中存放的是动态数据,如动态变量。动态存储区分为堆内存区和栈内存区,堆和栈是不同的数据结构,栈由系统管理,堆由用户管理。

静态变量是指 main( )函数执行前就已经分配内存的变量,其生存期为整个程序执行期;动态变量是在程序执行到该变量声明的作用域才临时分配内存的,其生存期仅在其作用域内。

生存期和作用域是不同的概念,分别从时间和空间上对变量的使用进行界定,相互关联又不完全一致。例如,静态变量的生存期贯穿整个程序,但作用域是从声明位置开始到文件结束。

3. 变量的存储类型

变量的存储类型有 4 种,分别由 4 个关键字表示:auto(自动)、register(寄存器)、static(静态)和 extern(外部)。

(1) auto 类型

自动变量是指用 auto 定义的变量,可默认 auto。自动类型变量值是不确定的,如果初始化,则赋初始值操作是在调用时进行的,且每次调用都要重新赋初值。

在函数中定义的自动变量是只在该函数 nei1 有效,函数被调用时分配存储空间,调用结束就释放。在复合语句中定义的自动变量只在该复合语句中有效,退出复合语句后,便不能再使用,否则将引起错误。

(2) register 类型

寄存器变量是指用 register 定义的变量是一种特殊的自动变量。这种变量建议编译程序将变量中的数据存放在寄存器中,而不像一般的自动变量,占用内存单元,可以大大提高变量的存取速度。

一般情况下,变量的值都是存储在内存中的。为提高执行效率,C 语言允许将局部变量的值存放到寄存器中,这种变量就称为寄存器变量。

（3）static 类型

全局变量和局部变量都可以用 static 来声明,但意义不同。

全局变量总是静态存储,默认值为 0。全局变量前加上 static 表示该变量只能在本程序文件内使用,其他文件无使用权限。对于全局变量,static 关键字主要用于在程序包含多个文件时限制变量的使用范围,对于只有一个文件的程序有无 static 都是一样的。

局部变量定义在函数体内部,用 static 来声明时,该变量为静态局部变量。静态局部变量属于静态存储,在程序执行过程中,即使所在函数调用结束也不释放。

静态局部变量定义并不初始化,则自动赋数字“0”(整型和实型)或'\0'(字符型)。每次调用定义静态局部变量的函数时,不再重新为该变量赋初值,只是保留上次调用结束时的值,所以要注意多次调用函数时静态局部变量每次的值。

（4）extern 类型

在默认情况下,在文件域中用 extern 声明(主要不是定义)的变量和函数都是外部的。但对于作用域范围之外的变量和函数,需要使用 extern 进行引用行声明。

对外部变量的声明,只是声明该变量是在外部定义过的一个全局变量,在这里引用。而对外部变量的定义,则是要分配存储单元。一个全局变量只能定义一次,可以多次引用。用 extern 声明外部变量的目的是可以在其他的文件中调用。

4. 内部函数和外部函数

根据函数能否被其他源程序文件调用,将函数分为内部函数和外部函数。

（1）内部函数

内部函数是指一个函数只能被它所在文件中的其他函数调用。在定义内部函数时,可使用关 static 进行修饰。一般格式如下:

　　　　static　类型标识符函数名(形参列表){函数体}

例如,static float max(float a,float b)

　　　　{

　　　　　　…

　　　　}

使用内部函数,可以使该函数只限于它所在的文件,即使其他文件中有同名的函数也不会相互干扰,因为内部函数不能被其他文件中的函数所调用。

（2）外部函数

外部函数是指在一个源程序文件中定义的函数除了可以被本文件中的函数调用外,还可以被其他文件中的函数调用。在定义外部函数时,可使用关键字 extern 进行修饰,一般格式如下:

　　　　extern　类型标识符　函数名(形参列表)

例如,extern char del_str(char r1)。

7.1.5　常见错误汇总

本章常见错误汇总如表 7.1 所示。

表7.1　常见错误汇总

常见错误实例	常见错误描述	错误类型
使用库函数时忘记包含头文件	在使用库函数时需要用"♯include"命令将该原型函数的头文件包含进来	编译错误
忘记对所调用的函数进行函数原型声明	若函数的返回值不是整型或字符型,并且函数的定义在主调函数之后,那么在调用函数前必须对函数进行原型声明	编译错误
函数的实参和形参类型不一致	函数一旦被定义,就可多次调用,但必须保证形参和实参数据类型一致。若实参和形参数据类型不一致,则按不同类型数值的赋值规则进行转换	编译错误
使用未赋值的自动变量	未进行初始化时,自动变量的值是不确定的,在使用时要特别注意	编译错误

7.2　习题分层训练

7.2.1　基础题

1. 以下函数的函数头符合 C 语言语法规定的是(　　)。
   A. intfac(int x,int y)　　　　　　　B. float fac(int x;int y)
   C. fac(int x,int y):float　　　　　　D. fac(int x,y)

2. 在 C 语言中,函数返回值的类型最终取决于(　　)。
   A. return 语句中表达式值的类型
   B. 函数定义时在函数首部所说明的函数类型
   C. 调用函数时主调函数所传递的实参类型
   D. 函数定义时形参的类型

3. 以下关于 return 语句的描述正确的是(　　)。
   A. 一个自定义函数中必须有一条 return 语句
   B. 返回值为 void 类型的函数中也必须有 return 语句
   C. 没有 return 语句的自定义函数在执行结束时不能返回到调用处
   D. 一个自定义函数可以依照不同情况设立多条 return 语句

4. 若有以下程序,下面叙述不正确的是(　　)。
   ```
   ♯include〈stdio.h〉
   void fun(int n);
   int main()
   {
   ```

```
            void fun(int n);
            fun(5);
        }
    void fun(int n){ printf("%d",n);}
```

A. 若只有在主函数中对函数 fun 进行说明,则只能在主函数中调用函数 fun

B. 若在主函数前对函数 fun 进行说明,则在主函数和之后的其他函数中都可以正确的调用函数 fun

C. 以上程序编译时会出错,提示函数 fun 重复说明

D. 用 void 将函数 fun 定义为无值类型,则函数 fun 没有返回值

5. 以下程序的输出结果是(　　)。

```
    #include 〈stdio. h〉
    void fun(int p)
    {
        int d=2;
        p=d++;
        printf("%d",p);
    }
    int main()
    {
        int a=1;
        fun(a);
        printf("%d\n",a);
    }
```

　　A. 32　　　　　　　B. 12　　　　　　C. 21　　　　　　D. 22

6. 以下程序的输出结果是(　　)。

```
    #include 〈stdio. h〉
    int f(int x,int y)
    { return ((y-x)*x); }
    int main()
    {
        int a=3,b=4,c=5,d;
        d=f(f(a,b),f(a,c));
        printf("%d\n",d);
    }
```

　　A. 10　　　　　　　B. 9　　　　　　C. 8　　　　　　D. 7

7. 设有如下函数定义:

```
    int fun(int k)
    {
        if (k<1) return 1;
        else  if (k==1)  return 1;
```

```
        else    return fun(k-1)+1;
    }
```

若执行调用语句:n=fun(3);,则函数 fun 总共被调用的次数是(　　　)。

  A. 2   B. 3   C. 4   D. 5

8. 设函数中有整型变量 n,为保证其在未赋初值的情况下初值为 0,应选择的存储类别是(　　　)。

  A. auto   B. register   C. static   D. auto 或 register

9. 如果一个变量在整个程序运行期间都需要存在,但仅在其所在函数内部是可见的,这个变量的存储类型应该为(　　　)。

  A. 静态内部变量 B. 动态变量 C. 静态外部变量 D. 寄存器变量

10. 以下程序的输出结果为(　　　)。

```
#include <stdio.h>
int fun()
{
    static int i=0;
    int s=1;
    s+=i++;
    return s;
}
int main()
{
    int i,sum=0;
    for(i=0;i<5;i++)
        sum+=fun();
    printf("%d",sum);
}
```

  A. 5   B. 15   C. 25   D. 10

11. 以下程序的输出结果是(　　　)。

```
#include <stdio.h>
int fun(int a,int b)
{
    static int m=0;
    int i=2;
    i+=m+1;m=i+a+b;
        return(m);
}
int main()
{
    int k=4,m=1,p;
    p=fun(k,m);printf("%d",p);
```

```
        p = fun(k,m);printf("%d",p);
   }
```
  A. 8,15　　　　　　B. 8,16　　　　　　C. 8,17　　　　　　D. 8,18

12. 下列关于外部变量的说法,正确的是(　　)。

  A. 外部变量是在函数外定义的变量,其作用域是整个程序

  B. 全局外部变量可以作用于多个模块,需要用 extern 重新在需要使用的其他模块上定义一遍

  C. 全局外部变量可以作用于多个模块,extern 只是一个声明而不是再一次的定义

  D. 静态外部变量只能作用于本模块,因此它没有什么实用价值,很少被使用

13. 在一个 C 语言程序中,(　　)。

  A. main 函数必须出现在固定位置　　　B. main 函数可以在任何地方出现

  C. main 函数必须出现在所有函数之后　　D. main 函数必须出现在所有函数之前

7.2.2　提高题

1. 以下程序执行后的输出结果是_____。

```
#include ⟨stdio.h⟩
int fun( int x,int y)
{
    if  (x!=y)  return  ((x+y)/2);
    else return (x);
}
int main()
{
    int a=4,b=5,c=6;
    printf("%d\n",fun(2*a,fun(b,c)));
}
```

2. 假设有以下函数:

```
void print(char ch,int n)
{
    int i;
    for(i=1;i<=n;i++)
        printf(i%6!=0?"%c":"%c\n",ch);
}
```

执行调用语句 printf('*',24);后,程序共输出了_____行 * 号。

3. 函数 fac1 的功能为计算 s=1+1/2! +1/3! +…+1/n! 的值,请将程序补充完整。

```
double fac1(int n)
{
    double s=0.0;
    long fac=1;    //fac 为 n!
```

```
        int i;
        for(i=1;i<=n;i++)
        {
            fac=fac_____;
            s=s+_____;
        }
        return_____;
    }
```

4. 以下程序为寻找 3000 以内(不包括 3000)的亲密数对。亲密数对的定义为:若正整数 a 的所有因子(不含 a)之和为 b,b 的所有因子(不含 b)之和为 a,且 a!=b,则称 a 和 b 为亲密对数。

```
    #include <stdio.h>
    _____        /*求 x 的因子之和*/
    {
        int i,sum=0;
        for(i=1;  i<x;i++)
            if (x%i==0)    sum+=i;
        return sum;
    }
    int main()
    {
        int i,j;
        for(i=2;_____;i++)
        {
            j=fact(i);
            if(_____)   printf("%d,%d\n",i,j);
        }
    }
```

5. 以下程序的输出结果是_____。

```
    #include <stdio.h>
    fun(int x)
    {
        if (x/2>0)   fun(x/2);
        printf("%d",x);
    }
    int main()
    {   fun(6); printf("\n");}
```

6. 以下程序,如果键盘输入 hello world,输出的结果是_____。

```
    #include <stdio.h>
    void fun()
```

```
    {
        char c;
        if((c = getchar())! = '\n')
            fun( );
        putchar(c);
    }
    int main( )
    {   fun( );    }
```

7. 以下程序的功能为:第一个数是 10,从第二个数起,每个数都比前一个数多 6,求第 n 个数是多少。请将程序补充完整。

```
    #include 〈stdio. h〉
    long add(int n)
    {
        long m;
        if (n = = 1)   m = _____ ;
        else m = _____ ;
        return m;
    }
    int main()
    {
        long m;
        int n;
        scanf("%d",&n);
        m = _____ ;
        printf("%ld",m);
    }
```

8. 以下程序输出的结果是_____。

```
    #include 〈stdio. h〉
    #define C 5
    int x = 1,y = C;
    int main( )
    {
        int x;
        x = y ++ ;printf("%d %d,", x,y);
        if(x>4) { int x; x = ++y;printf("%d %d,",x,y);   }
        x + = y -- ;
            printf("%d %d,",x,y);
    }
```

9. 编写一个函数,判断一个年份是否为闰年,是则返回 1,否则返回 0。

10. 请用递归完成猴子吃桃问题。猴子摘了一堆桃,第一天吃了一半,还嫌不过瘾又吃了一个;第二天又吃了剩下的一半零一个;以后每天如此。到第十天,猴子一看只剩下一个了。问最初有多少个桃?

7.2.3　拓展题

1. 编程一个函数 int minDaffodils(int a,int b),功能为求出 a~b 之间的最小水仙花数,如果此范围内存在水仙花数,则返回水仙花数,如果不存在,则返回 -1。

2. 假定一对兔子经过一个月能长成大兔子,而一对大兔子经过一个月又能生出一对小兔子,按此规律,若小兔子总是雌雄成对出生且无死亡,请问,n 个月后有多少对兔子? 此题描述的就是着名的斐波那契数列,每个月的兔子对数是

$$1,1,2,3,5,8,13,\cdots$$

即前两个月兔子对数为1,从第三个月开始,当月的兔子数量为前两个月兔子数量之和,即 $f_1 = 1, f_2 = 1, f_n = f_{n-1} + f_{n-2}(n \geqslant 3)$。

第8章 数组与算法基础

通过上一章函数的学习,我们了解到编程就像是在玩乐高积木,那么这一章就是你的乐高积木说明书!函数就是你手中的乐高积木,你可以用它们来构建各种有趣的程序。然而,在现实世界中,经常需要处理的数据往往不是孤立的,而是以某种结构化形式存在的。为了更好地处理这些数据,C语言为我们提供了一种强大的工具——数组。

有句古诗写道:"一片孤城万仞山"。在编程的世界里,我们有时也需要面对如"万仞山"般庞大的数据。而数组,正是那把能够劈开万仞山的"倚天剑"。它赋予我们以结构化方式处理数据的强大能力,使我们能在这数据的海洋中乘风破浪。

假如你是一位数据分析师,面对一个巨大的数据集,你该如何快速准确地提取信息呢?或者,你是一名游戏开发者,如何用数组来高效地管理游戏中的角色和物品呢?让我们带着这些问题,一起在数组的海洋中扬帆起航,探寻答案。让我们携手并进,用数组点亮数据之灯!希望本章的学习指导会对同学们有所启发。

 学习目标

- ✍ 理解数组变量在内存中的存放形式,数组名特殊含义的理解;
- ✍ 掌握一维数组和二维数组变量的定义、数组元素的引用和初始化;
- ✍ 掌握向函数传递一维数组和二维数组;
- ✍ 掌握各种排序和查找的思想。

8.1 知识学习点拨

8.1.1 一维数组的定义和初始化

理解数组的概念,数组是一组具有相同类型的变量的集合,它是一种顺序存储、随机访问的线性数据结构。数组可以存储相同类型的多个元素。数组类型代表数组中每一个数组元素的类型,我们也称为基类型。在C语言中,数组元素可以是任意基本数据类型,如int、 float、char、double 等,也可以是复合数据类型,如后面学习的指针类型、结构体类型等。定义数组时,数组的维数在 C89 中规定要求使用常量定义数组的大小,即不允许使用变量。数组名要符合标识符的定义,同时理解数组名代表数组的首地址。

若在函数体内数组定义时,若没有为数组元素赋初值,也就是说数组元素若没有初始化,则数组元素值为随机数,此时数组长度不能省略。若数组在所有函数外定义,或者用 static 关键字定义,则代表数组定义为静态存储类型,此时即使不给数组元素赋初值,系统也会自动为数组元素初始化为 0。数组的初始化可以分为完全初始化和不完全初始化,其中完全初始化理解为数组内所有元素的值都是给定的。不完全初始化理解为只给定数组内部分元素的值,其余值则都默认为 0,并且初始化时,所给定的元素数量不能大于数组的大小。若数组定义的同时初始化,同时数组的全部元素都给了赋予值,则数组的定义的个数可以空着。如:int　s[]={1,2,3,4,5}所示,表示数组 s 的个数为 5。

数组在内存中的存储是顺序的,数组的下标都是从 0 开始的,最大到 $n-1$(若数组定义的个数为 n),一旦定义了数组,则数组元素在内存中是连续存放的。数组一旦定义,长度不再改变,系统会在内存中按数组基类型分配一段整型常量表达式的值个连续的存储单元,每个存储单元存放一个数组元素,每个数组元素占存储空间的大小为数组基类型的大小。一维数组在内存中占用的字节数为数组长度×sizeof(基类型)。

在引用数组元素时,注意下标不要越界。在 C 语言中编译器并不检查数组下标越界错误,若数组下标越界可能对其他单元数据造成破坏,甚至带来意想不到的结果,让程序宣布"安乐死"。请区分数组的定义和数组元素的引用,两者从形式上看似相似,但含义却完全不同。例如:int　a[5];是定义一个含有 5 个元素的整型数组,而 a[3] 是对下标为 3 的数组元素的引用。"[ ]"为下标引用操作符,实际上是数组访问的操作符。数组定义是说明语句,前面有类型关键字,而元素引用一般出现在表达式中,前面没有类型关键字。数组定义方括号中数组长度是整型常量表达式,而元素引用方括号中下标是一般整型表达式。数组元素也称为下标变量,可以与同类型的简单变量一样参与相应的各种操作。数组元素下标可以作为循环变量,用单层循环来处理一维数组。数组长度可以用公式计算,比如:sizeof(数组名) / sizeof(某个数组元素)。

8.1.2　二维数组的定义和初始化

二维数组的数据结构是个二维表,相当于一个矩阵,由若干行和若干列组成,可以用两个下标确定各元素在数组中的顺序,可以用排列成 i 行 j 列的元素表示。第一维的长度代表数组的每一列的元素个数,第二维的长度代表数组每一行的元素个数。创建二维数组时,二维数组的行号可以省略,但列号不能省略。理解二维数组名同样代表数组的首地址。

二维数组初始化可以按元素初始化,也可以行初始化。按元素初始化是所有元素写在两个花括号里,如

　　　　int a[3][4]={1,2,3,4,5,6,7,8,9,10,11,12};

按行进行初始化是按行给所有元素赋初值,每一行的数据放于一个花括号内,如

　　　　int a[2][4]={{1,2,3,4},{5,6,7,8}};

二维数组的初始化也分为完全初始化和不完全初始化。若不完全初始化,未赋值的元素系统会自动初始化为确定的值,如整型初始化为 0,对于 float 型初始化为 0.0,对于字符

型初始化为'\0'。

　　二维数组元素在内存中同样分配的是连续的存储空间,数组元素存储是按行依次顺序存放的,即存完第一行再存第二行。即按数组下标递增依次存完第一行元素再存第二行元素。与一维数组一样一旦定义,长度不再改变。二维数组占用的字节数为第一维长度×第二维长度×sizeof(基类型)。

　　二维数组中数组元素是由行列两个下标来确定的,引用时的每一维下标可以是整型常量、变量或表达式,下标从 0 开始计数,下标最大值为该维长度－1。在引用数组元素时,注意下标不要越界,编译器不会对下标越界进行检查。与一维数组类似,一般对于二维数组也只引用其中某个数组元素,而不整体引用整个数组、整行或整列,数组元素的使用和同类型变量的使用一样。二维数组可以将数组元素下标作为循环变量,用双层循环处理二维数组,实现给数组元素赋值、输出数组元素、修改数组元素值、数组元素求和等操作。

8.1.3　向函数传递一维数组

　　我们知道基本类型变量可以作为函数形参进行传值,数组元素和基本类型变量一样,也可以作为函数形参进行传值。只是我们数组名代表的是数组的首地址,作为参数传递的是数组第一个元素的地址值。若要把一个数组传递给一个函数,只要使用不带方括号的数组名作为函数实参调用函数即可。数组首地址传给被调函数后,形参和实参数组具有相同的首地址,实际上占用的是同一段存储单元。因此当被调函数修改形参数组元素时,实际上是在修改实参数组中的元素值。

　　数组作为函数形参时,数组名和实参数组可以同名也可不同名,数组名后面的方括号内的数组长度可以省略,通常在函数中另加一个形参指定数组大小。数组作为函数形参时,数组名后面方括号内也可以用一个正的整型形参,此值不作为数组的长度表示,编译器会将此正值忽略掉。编译器不进行下标越界检查,但是若形参值为负值即不大于零,会出现编译错误。

8.1.4　排序和查找

　　数组的应用比较多,在程序设计时往往需要对存储在数组中的大量数据进行处理,此节重点掌握好交换法排序和选择法排序的排序思想,同时理解二者的本质不同。其次是会运用查找中线性查找和折半查找思想,解决实际查找问题。插入是在一组数据中相应位置插入一个数。

　　交换法排序借鉴了求最大值、最小值思想。若有 n 个数组元素以求降序为例,则程序共进行 $n-1$ 轮比较。首先进行第一轮比较,将第一个数分别与后面所有的数进行比较,若后面的数较大,则交换后面这个数和第一个数的位置;这一轮比较结束后,就求出了一个最大数放在了第一个数的位置。然后进入第二轮比较,参与比较的数变为 $n-1$ 个,在这 $n-1$ 个数中再按上述方法求出一个最大的数放在第二个数的位置。然后进入第三轮比较,第三轮比较在第三个数组元素位置求出了当轮比较中的最大值,依此类推,直到第 $n-1$ 轮比较,参与比较的数变为 2 个,求出一个最大的数放在第 $n-1$ 个数的位置,这样,剩下的最后一个数就是最小的数,放在数列的最后。n 个数总共需要 $n-1$ 轮比较,每一轮比较会新排出一个数,因此每一轮余下的待比较的数都相对于上一轮减少了一个。每一轮比较最多可以交换对应元素个数的 -1 次交换,所以 $n-1$ 轮比较下来总共最多要交换 $O(n^2)$ 数量级,交换太频繁,排序效率低。

选择法排序是在交换法排序基础上的算法,实际是交换法排序的优化,它减少了每轮比较交换的次数,交换数量级降低到了 $O(n)$ 数量级。选择法排序是每轮比较中记录这轮比较中最大元素(若以降序为例)的下标,每轮最多进行一个元素交换,整个算法最多有 $n-1$ 次两数交换操作。如:参与比较的数有 n 个,首先进行第一轮比较,先将第一个数的下标赋给变量 k,再与后面的数进行比较;若后面的数较大,则将后面这个数下标值赋给 k;然后这个下标为 k 的数再与后面的数进行比较,若后面的数大则记录大数的下标值给 k;直至这一轮比较结束。再判断当前这轮比较开始时的下标 i 值和这个大数下标 k 值,若 i 和 k 值不相等则交换下标 i 和下标 k 的元素值,这样第一轮就求出了一个最大的数放在了第一个数的位置。然后进入第二轮比较,参与比较的数变为 $n-1$ 个,在这 $n-1$ 个数中再按上述方法求出一个最大的数放在第二个数的位置。进入第三轮比较,等等,依此类推,直到第 $n-1$ 轮比较,参与比较的数变为 2 个,求出一个最大的数放在第 $n-1$ 个数的位置,这样,剩下的最后一个数就是最小的数,放在数列的最后。

线性查找算法简单、直观,效率较低。折半查找算法稍微复杂一些,但效率比较高。线性查找算法与折半查找算法都可用迭代法实现。线性查找也称为顺序查找法,即从数组的一端开始,逐个与被查值进行比较,看是否是所查找的数据。顺序查找法不要求被查找的数组元素事先是有序排列的,但查找效率较低。日常生活中的很多查找操作是在有序条件下进行的,在这种情况下,折半查找法的效率更高。折半查找法的前提是:数据已按一定规律(升序或降序)排列好。其基本思想是:将被查值与数组的中间元素值进行比较,若相同,则查找成功,结束。否则,判断被查值在数组的前半部分还是后半部分,将查找的区间缩小为原来区间的一半,继续查找。假设数组元素已按升序排序,如果被查值小于数组的中间元素值,则在前一半数组元素中继续查找,否则在后一半数组元素中继续查找,直到查找成功或确定数组中没有这样的元素为止。

8.1.5　向函数传递二维数组

一维数组可以作为函数参数传递,二维数组也可以作为参数传递。二维数组的数组名作为数组的首地址,即作为二维数组中第一行第一个元素的地址。只是二维数组作为形参传递时第一维的长度可以省略,而第二维的长度不能省略。因为数组元素在内存中是按行的顺序连续存储的,编译器须知道一行中有多少个元素(即列的长度)。若要找预访问的数组元素,编译器需要事先知道跳过多少个存储单元才能来确定数组元素在内存中的位置。否则编译器无法确定第二行从哪里开始。

二维数组作为参数传递,数组首地址传给被调函数后,形参和实参数组具有相同的首地址,实际上占用的也是同一段存储单元。因此当被调函数修改形参数组元素时,实际上也是在修改实参数组中的元素值。

8.1.6　常见错误汇总

本章常见错误汇总如表 8.1 所示。

表 8.1　常见错误汇总

常见错误实例	常见错误描述	错误类型
float array(5);	syntax error：missing ')' before 'constant' 使用圆括号引用数组元素	编译错误
int array[n];	error C2065：'n'：undeclared identifier expected constant expression 使用变量而非整型常量来定义数组长度	编译错误
int array[6]; array＝{1,2,3,4,5,6}	syntax error：'{' 使用数组名代表整个数组进行赋值操作,而数组名 array 是数组的首地址,是地址常量,不应放在赋值号左侧	运行错误
int array[4]＝{2,3,4,5,6};	error C2078：too many initializers 花括号内提供的初始值个数大于数组长度	编译错误
int array[4]; array[4]＝{2,3,4,5};	error C2059：syntax error：'{' 要定义的同时进行初始化,系统认为是引用 array[4]赋值	编译错误
int a[5]; s＝a[0]＋a[4];	数组元素参与运算前未进行初始化或赋值操作,将导致运行结果错误	运行错误
int a[6]; a[6]＝10;	引用数组元素时下标越界	运行错误
a[2,4]	将行、列下标写在一个方括号内引用数组元素,C 语言编译器会将 2,4 看作一个逗号表达式,将 a[2,4]解释为 a[4]	运行错误
char s[5]＝"Hello";	数组长度偏小,没有足够的内存空间来存放字符串结束标志 '\0'	运行错误
char s＝"Hello";	字符变量 s 只占一个字节内存,不能存放一个字符串	运行错误
charst[5]; scanf("%s",&st)	用 scanf 读取字符串时,在代表地址值的数组名 st 前添加了取地址符 &	运行错误
chars[5]; strcpy(s,"234567");	没有提供足够大的空间用于存储拷贝后的字符串	运行错误
if(strl＝＝str2)	比较两字符串的大小不能直接使用关系运算符,而应使用函数 strcmp()来比较	运行错误

8.2 习题分层训练

8.2.1 基础题

1. 以下是一维数组的初始化,其中说法正确的是( )。

int array[5] = {0, 1, 2, 3, 4, 5};

A. 不存在   B. 存在,并能够正确编译和运行

C. 存在,但编译时会出错   D. 存在,但运行时会出错

2. 以下是一个一维数组的声明和初始化,其中第一个元素是( )。

int array[ ] = {10, 20, 30, 40, 50};

A. 10   B. array[0]   C. 20   D. array[1]

3. 若有 int a[3];,则对数组 a 元素非法引用的是( )。

A. a[3]   B. a[2]   C. a[1]   D. a[0]

4. 已知 int a[3][3] = {1,2,3,4,5,6};,则 a[1][1] 的值是( )。

A. 1   B. 4   C. 5   D. 0

5. 若有定义语句:int m[] = {5,4,3,2,1},i = 4;,则下面对 m 数组元素引用中错误的是( )。

A. m[--i]   B. m[2*2]   C. m[m[i]]   D. m[m[0]]

6. 以下对二维数组 a 的正确声明是( )。

A. int   a[3][]   B. float   a(3,4)

C. double   a[2][4]   D. float   a(3)(4)

7. 已知 int a[3][3];则( )不属于数组 a 中的元素。

A. a[3][3]   B. a[2][2]   C. a[1][1]   D. a[0][0]

8. 已知:int[3][4], 则对数组元素引用正确的是( )。

A. a[2][4]   B. a[1,3]   C. a[1+1][0]   D. a(2)(1)

9. 在定义了数组 a[3][6];后,第 10 个元素是( )。

A. a[2][4]   B. a[1][3]   C. a[3][1]   D. a[4][2]

10. 设有定义:int a[3][3] = {{1},{2}},b[3][3] = {1,2};,则执行语句 printf("%d", a[1][0] + b[1][0]);后,输出的结果是( )。

A. 0   B. 1   C. 3   D. 2

8.2.2 提高题

1. 给出以下程序,在横线处填写一句合适的语句,使得输出结果为 Hello。

#include ⟨stdio.h⟩

```
int main()
{
    int n;
    char array[5] = {'h','e','l','l','o'};
    _____
    for (int n = 0; n < 5; n++)
    {
        printf("%c", array[n]);
    }
    printf("\n");
    return 0;
}
```

2. 已知:int i, x[3][3] = {1,2,3,4,5,6,7,8,9};则下面语句的输出结果是(　　　)。
```
for(i = 0;i < 3;i++)
    printf("%d",x[i][2-i]);
```
A. 1　　5　　9　　　　　　B. 1　　4　　7
C. 3　　5　　7　　　　　　D. 3　　6　　9

3. 以下程序段的输出结果是_____。
```
#include <stdio.h>
int main()
{
    int i,arr[5] = {2,3,4,5,6},temp;
    temp = arr[4];
    for(i = 4;i > 0;i--)
        arr[i] = arr[i-1];
    arr[0] = temp;
    for(i = 0;i < 5;i++)
        printf("%d",arr[i]);
    printf("\n");
    return 0;
}
```

4. 编写一个 C 程序,定义一个整数数组,包含 5 个元素,输入一个整数,查找该整数在数组中的位置,若没有找到输出"该整数不在数组中",如果找到,将该元素替换为另一个整数 10,并将新数组输出。

5. 编写一个 C 程序,声明一个包含 10 个整数的一维数组,从键盘输入数组元素,然后计算并输出数组中所有偶数的平均值。

6. 五位歌手由七个评委打分,分数在 5~10 之间(保留一位小数),去掉一个最高分和一个最低分,求每位选手的最后得分,并将五位歌手的得分从高到低排列输出。

8.2.3　拓展题

1. 当涉及水污染环境处理的案例时,我们可以用一个简单的例子模拟一个水处理系统。假设我们有一些水污染数据,每个数据点代表着水样本中特定污染物的浓度。尝试编写一个完整简单的程序来处理这些数据,找出最高浓度的污染物。这个简单的程序要求用户用数组输入水样本的污染物浓度数据,其中,水样本最大数量为 100,然后找出这些样本中最高的污染物浓度。找出最高浓度的污染物需编写函数实现。

2. 关于兔子生崽问题:假设一对小兔的成熟期是一个月,即一个月可长成成兔,那么如果每对成兔每个月都可以生一对小兔,一对新生的小兔从第二个月起就开始生兔子,请问从一对兔子开始繁殖的话,一年以后会有多少对兔子? 请编程实现。

第 9 章　指　　针

引导语

　　通过上一章数组和算法基础的学习,我们了解到编程的世界里,面对庞大的需要处理的数据往往不是孤立的,而是以某种结构化形式存在的。采用数组可以更好地存储这些数据。但是,若要访问数组的物理存储空间时,还需要 C 语言的灵魂——指针。

　　通俗的理解"指针就是地址"。程序员可以通过指针直接访问物理存储空间,从而对硬件进行底层的控制和操作。在操作系统内核开发、嵌入式开发等底层开发领域,指针的使用使得程序的效率和灵活性大大提高。灵活正确地使用指针,能够帮助我们有效、方便地使用数组和字符串以及在函数之间传送数据、写出高效简练的程序。反之,则有可能产生不可预料的严重程序错误。

学习目标

☞ 理解指针的含义、变量的地址;

☞ 理解指针变量的定义、初始化和使用方法;

☞ 掌握指针的运算及引用、指针作为函数参数的用法;

☞ 理解指向函数的指针和返回指针的函数。

9.1　知识学习点拨

9.1.1　变量的内存地址

　　变量的内存地址实际上是指变量在内存中存放的起始地址。在内存中每个字节都有唯一的编号,也就是唯一的地址。地址是按字节进行编号,字长一般与主机相同。地址是一个无符号整数,从 0 开始编址,依次递增的,通常我们把地址写成十六进制来表示。比如对应 32 位机使用 32 位地址,那么最多支持 2^{32} 字节 = 4 GB 的内存空间。若对一个整型变量 a,它在内存中占四个字节,地址是从 0X0049C00 到 0X0049C03,那么起始地址 0X0049C00 就是变量的 a 的地址。变量 a 的地址也可以表示成 &a。

对于一个变量的地址要将其用 printf()函数输出出来,对应的格式控制符是%p。我们把用 &a 表示变量地址来访问的,称为直接寻址,可以用在我们键盘输入函数 scanf()中。当然变量的地址(&a)也可以再放在某个地址类型的变量 b 中。通过访问该地址类型的变量 b 来访问变量 a,这就叫间接寻址。

9.1.2　指针变量的定义和初始化

要访问一个变量的值,往往用变量名进行访问,但是要访问变量的内存地址,就需要用存放这种地址类型的变量来访问。把存放地址类型的变量就称为指针变量。把变量地址起了一个别名叫指针,所以我们说指针就是地址,地址就是指针。而指针变量的值是"某个变量"的地址,这个地址就是这个"某变量"在内存中的起始地址,因此,我们又说指针变量指向该"某变量"。

在 C 语言中给我们提供的这种指针变量,需要先将这种变量定义为指针类型。又根据指针变量存放的地址可能是整型变量的地址,也可能是浮点型变量的地址,还可能是双精度类型变量的地址等,所以指针类型存放的变量地址也是有类型的,存放的这个地址类型就是指针的基类型。也就是说基类型是指针变量指向的数据类型,即什么样的基类型指针变量指向什么类型变量、存储什么类型的变量地址。指针变量只能指向同一基类型的变量。因此,我们定义指针变量时,要定义基类型再加指针变量名。如

　　　　int ＊ pa；

同样这只是声明,没有赋初值前 pa 的值也是随机数,所以我们在定义后一定先初始化再使用(即赋予具体地址值,如赋初值整型变量 a 的地址:pa＝&a),或者让其使用之前指向 NULL(代表不指向任何地址,即空指针或无效指针),即

　　　　int ＊ pa＝NULL；

也可以在定义的同时初始化,如

　　　　int ＊ pa＝&a；

9.1.3　间接寻址运算符

指针变量定义的同时初始化后,如

　　　　int ＊ pa＝&a；

而此时,变量 a 的值为 9,那么取 a 的值一种是直接用变量名 a,另一种是用指针变量,通过间接寻址输出变量的值,即用 ＊pa,也是和变量名 a 具有一样的效果。＊pa 和变量 a 指的是同一个内存单元,这里的 ＊pa 的 ＊ 称为间接寻址运算符。当然,我们同样也可以通过间接寻址运算符来改变指向变量的值,如

　　　　＊pa＝6；

则此时 a 变量的值由原来的 9 变为 6,等效理解为 a＝6。这里的 ＊pa＝6;,是引用指针指向的变量的值,称为指针的解引用。

9.1.4　按值调用与模拟按引用调用

在此按值调用指的是普通变量作函数参数,即实参的值是不随形参值的改变而改变。形参是我们调用函数时的参数,形参不管与实参变量是否同名,此时函数调用形参是在内存中重新分配空间,将实参的值复制给形参,也就是实参和形参不是同一块地址空间。所以在调用的函数内部形参改变,改变的是形参的那块地址空间的值,而不是实参的地址空间的值。当函数调用返回后,形参地址空间收回了,而实参的地址空间没有变化。所以我们说实参的值是不随形参值的改变而改变的。

模拟按引用调用指的是指针作函数参数,即按地址调用。目的是在被调函数中修改“形参的值”,实参对应的变量值也会跟着改变。主要与普通变量按值调用不同是,在此实参为变量的地址(用的取地址运算符),形参为指针形参。在函数调用时,是将实参对应变量地址传递给了指针形参,即使为指针形参重新分配内存空间,但是形参指向的变量就是实参对应的变量,即操作的是同一块地址空间。所以,指针变量作函数形参可以修改相应实参的值,为函数提供了修改变量值的手段。这样我们若想通过函数调用修改多个实参的值,可以指针变量(即地址调用)作函数参数来实现。

9.1.5　函数指针及其应用

函数指针即指向函数的指针变量(也就相当于指针的基类型为函数),作为函数参数。传递函数在内存中的入口地址,函数名代表函数在内存中的入口地址。被调函数根据传入的不同的地址(函数名)来调用不同的函数。

注意函数指针定义格式为

数据类型（＊指针变量名）(形参列表)

如

int（＊f1）(int a, int b);

使用时(＊f1)代表的某个具体的函数名,也就是具体的函数入口地址。(int a, int b)代表某个具体函数的参数列表。当我们为指针函数赋初值时,用指针变量名 ＝ 函数名,即为指针函数初始化。然后再用(＊指针变量名)(实参表)来调用函数指针指向的函数。运用函数指针主要是为了编写通用性更强的函数,提高代码的复用性。

9.1.6　常见错误汇总

本章常见错误汇总如表9.1所示。

表 9.1　常见错误汇总

常见错误实例	常见错误描述	错误类型
float * p; * p = 5.0;	未对指针变量 p 初始化就直接赋值	运行错误

int a, * pa;
a = 10;
pa = a;
	错误理解指针用法,未对指针变量 pa 正确初始化,将 a 的值作为地址赋值给指针变量	运行错误

int array[4]; array ++ ;	试图对数组名进行指针运算,数组名不是指针,数组名为常量代表数组首地址,不能变化。	编译错误
int * pm, pn;	省略了其他指针变量名前的星号前缀,误认为一个星号(*)会对声明语句中的所有指针变量起作用	理解错误

float * pm = &a;
int * pn = &b;
pm = pn;
	不同基类型指针变量互相赋值	运行结果错误

float * pm; pm = 90.0;	将非地址值赋值给指针变量	警告
int * pm = NULL; * pm = 200;	试图将值赋值给指向空的指针变量,运行结果错误	运行结果错误

9.2　习题分层训练

9.2.1　基础题

1. 请在划线处完成以下代码,使其输出结果为指针变量 ptr 所指向的值。

```
# include ⟨stdio. h⟩
int main()
{
    int a = 42;
    int * ptr = &a;
    int result = _____ ;  //在此处填写代码
    printf("%d\n", result);
    return 0;
}
```

2. 请问上述 C 程序中,哪一行会导致错误?

```
# include ⟨stdio. h⟩
int main()
```

```
{
    int x=5；
    int * ptr1，* ptr2；
    ptr1=&x；
     * ptr2=x；
    printf("x=%d，* ptr1=%d，* ptr2=%d\n"，x，* ptr1，* ptr2)；
    return 0；
}
```

 A. ptr1=&x；

 B. * ptr2=x；

 C. printf("x=%d，* ptr1=%d，* ptr2=%d\n"，x，* ptr1，* ptr2)；

 D. 没有错误

3. 已有定义 int a=2，* p1=&a，* p2=&a；下面不能正确执行的赋值语句是(　　)。

 A. a= * p1+ * p2； B. p1=a； C. p1=p2； D. a= * p1 * (* p2)

4. 若有如下定义：int * p，a=1，b；以下程序段正确的是(　　)。

 A. p=&b；   B. scanf("%d"，&b)；

  scanf("%d"，&p)；   * p=b；

 C. p =&b；   D. p=&b；

  scanf("%d"，* p)；   * p=a；

5. 在 C 语言中，以下哪个选项正确表示函数声明时使用指针作为参数(　　)？

 A. void func(int * a)；

 B. void func(* int a)；

 C. void func(int &a)；

 D. void func(pointer a)；

6. 传递指针作为函数参数时，实际上传递的是什么(　　)？

 A. 指针的值

 B. 指针指在的地址值

 C. 指针指向的值

 D. 指针的大小

7. 在 C 语言中，以下哪个选项正确表示函数返回一个整数指针(　　)？

 A. int * func()；

 B. * int func()；

 C. int &func()；

 D. pointer func()；

8. 下面关于指向函数的指针的说法，哪个是正确的(　　)？

 A. 指向函数的指针不能用于调用函数。

 B. 可以使用 typedef 关键字来定义函数指针类型。

 C. 函数指针只能指向无参函数。

 D. 函数指针只能指向返回值为整型的函数。

9. 在 C 语言中，以下哪个选项正确表示一个指向函数的指针(　　)？

    A. int ＊funcPtr()；

    B. void funcPtr(int)；

    C. int (＊funcPtr)()；

    D. void (＊funcPtr)(int)；

10. 指向函数的指针可以用于(　　　　)。

    A. 存储函数的返回值

    B. 修改函数的参数

    C. 调用函数

    D. 执行函数体内的循环

9.2.2　提高题

1. 请完成以下代码,使其定义一个函数 swap,接受两个整数指针作为参数,交换两个指针所指向的值。

```
#include〈stdio.h〉
void swap(_____①_____)   // 在此处填写参数列表
{
    int temp = ＊ptr1；
    ＊ptr1 = ＊ptr2；
    ＊ptr2 = temp；
}
int main()
{
    int num1 = 10，num2 = 20；
    printf("交换前:num1 = %d，num2 = %d\n"，num1，num2)；
    swap(_____②_____)；  // 在此处填写参数列表
    printf("交换后:num1 = %d，num2 = %d\n"，num1，num2)；
    return 0；
}
```

2. 请完成以下代码,声明一个指向函数的指针 ptr,该函数返回值为 int,接受两个整数参数,返回它们的和。

```
#include〈stdio.h〉
_____①_____；  // 在此处填写代码,声明一个指向函数的指针 ptr
int add(int a，int b)
{
    return a + b；
}
int main()
{
    _____②_____；   // 在此处填写代码,将函数指针 ptr 指向 add 函数
```

```
        int result = ptr(5, 7);
        printf("结果:%d\n", result);
        return 0;
    }
```

3. 编写一个函数 swap,该函数接受两个整型指针作为参数,并交换它们所指向的值。

4. 编写一个函数 sum_Array,接受一个已知整数数组和数组长度作为参数,返回数组中所有元素的和。

5. 编写一个程序,声明一个整型数组,然后使用指针算术运算输出数组中的元素值。

6. 编写一个程序,通过指针将已知整型数组中的元素逆序排列。

9.2.3　拓展题

1. 用函数编程解决关于日期转换问题(须考虑闰年):按下面给定的函数原型,从键盘输入某一年的第几天,计算它是这一年的第几月第几日。

函数原型:

void month_day(int year, int yearday, int ∗ pmonth, int ∗ pday);

输入:

年份,这年第几天

输出:

当年的月份值,当月日期值

样例输入:

2024,61

样例输出:

month = 3, day = 1

【提示】

解题要点:考虑计算年份为平年和闰年,建立一个 2 行 12 列的二维数组,存放 12 个月每月的天数,第 0 行对应平年,第 1 行对应闰年,第 1~12 列的元素为 1~12 个月的每月天数。若为平年,使用数组第 0 行的数据;若为闰年,使用数组第 1 行的数据。接下来的函数 month_day() 的功能是将某年的第几天,转换为某月某日,由给定函数原型可以看出,由于该函数需要计算两个值,无法同时用 return 语句返回,所以需要将相应的形参定义为指针类型。算法思想:对于给定的某年的第几天 yearday,只要从 yearday 中依次减去 1,2,3,…各月的天数,直到刚好为 0 或不够减为止。此时已经减去了 i 个月的天数,则月份 pmonth 的值为 $i+1$,此时,yearday 中剩下的天数即为当月的日期值。

2. 请编写一个程序,对已知整型数组元素进行排序,并将排序后的数组输出,排序须用函数实现。函数参数包含指针变量传递数组,该函数对整型数组的元素进行冒泡排序。

第 10 章　字　符　串

◀ 引导语 ▶

　　通过上一章指针的学习,我们了解到程序员还可以通过指针来访问物理存储空间,从而对硬件进行底层的控制和操作。在字符串的处理上,也通过使用指向字符串的首地址的方法来引用整个字符串,这就像是一列小火车,有了车头,就可以把整列火车开出来了。

　　在日常生活中,经常会遇到处理字符串的情况,比如我们经常处理的文档其实就是通过字符串处理函数实现的。当我在输入这句话的时候,就是在不断地向内存添加新字符。而当我想要进行关键字查找的时候,则需要通过调用字符串比较函数来实现。字符串也通常通过指针以及函数来处理,这里有不少容易混淆和出错的知识点,希望本章的学习指导带给您启发。

学习目标

☞ 能复述字符串的存储方式;

☞ 区分字符串常量、字符指针的含义;

☞ 能在程序中实现字符的存储及输入、输出,实现字符串与函数的传递。

10.1　知识学习点拨

10.1.1　字符串的存储

　　用指针方法实现一个字符串的存储和运算:如

　　　　char ＊strp = "china";

此处定义了一个字符指针变量 strp,变量中存放的是字符串第一个字符的地址。

　　C 语言对字符串常量是按字符数组处理的,它实际上在内存开辟了一个字符数组用来存放字符串变量,并把字符串首地址赋给字符指针变量 strp。

　　字符串在输出时用:

```
printf("%s\n",strp);
```

通过字符数组名或字符指针变量可以输出一个字符串。而对一个数值型数组,是不能用数组名输出它的全部元素的。

10.1.2　字符指针与字符数组

虽然用字符数组和字符指针变量都能实现字符串的存储和运算,但它们二者之间是有区别的,不应混为一谈,主要有以下几点:

(1) 字符数组由若干个元素组成,每个元素中放一个字符,而字符指针变量中存放的是地址(字符串的首地址),绝不是将字符串放到字符指针变量中。

(2) 对字符数组只能对各个元素赋值,不能用以下办法对字符数组赋值。

```
char str[14];
str = "I love China!";
```

而对字符指针变量,可以采用下面方法赋值:

```
char *a;
a = "I love China!";
```

但注意赋给 a 的不是字符,而是字符串的首地址。

(3) 赋初值时,对以下的变量定义和赋初值:

```
char *a = "I love China!";
```

等价于

```
char *a;
a = "I love China!";
```

而对数组初始化时:

```
char str[14] = {"I love China!"};
```

不能等价于

```
char str[14];
str[] = {"I love China!"};
```

即数组可以在变量定义时整体赋初值,但不能在赋值语句中整体赋值。

(4) 在定义一个数组时,在编译时即已分配内存单元,有确定的地址。而定义一个字符指针变量时,给指针变量分配内存单元,在其中可以放一个地址值,就是说,该指针变量可以指向一个字符型数据,但如果未对它赋予一个地址值,这时该指针变量并未具体指向哪一个字符数据。

(5) 指针变量的值是可以改变的。

10.1.3　字符串处理函数

C 语言中没有对字符串进行合并、比较和赋值的运算符,但几乎所有版本的 C 语言中都提供了有关的库函数。例如:

(1) strcat 函数:连接两个字符数组中的字符串。

(2) strcpy 函数:字符拷贝函数。

（3）strcmp 函数：字符比较函数。

（4）strlen 函数：测试字符串长度的函数。

（5）strlwr 函数：将字符串中大写字母转换成小写字母。

（6）strupr 函数：将字符中小写字母转换成大写字母。

10.1.4　常见错误汇总

本章常见错误汇总如表 10.1 所示。

表 10.1　常见错误汇总

常见错误实例	常见错误描述	错误类型
chars[5] = "abcde";	数组长度偏小，没有足够的内存空间存放字符串结束标志'\0'	运行错误
char s = "abc";	字符变量 s 只占一个字节内存，不能存放一个字符串	运行错误
chars[5]; scanf("%s",&s)	用 scanf 读取字符串时，在代表地址值的数组名 s 前添加了取地址符 &	运行错误
chars[5]; strcpy(s,"abcde");	没有提供足够大的空间存储处理后的字符串	运行错误
if(str1 = = str2)	直接使用关系运算符而未使用函数 strcmp()来比较字符串的大小	运行错误

10.2　习题分层训练

10.2.1　基础题

1. 不能将字符串 Hello! 赋给数组 b 的语句是（　　　）。
   A. char b[10] = {'H','e','l','l','o','!','\0'};
   B. char b[10];b = "Hello!";
   C. char b[10];strcpy(b,"Hello!");
   D. char b[10] = "Hello!";

2. 以下数组定义中，合理的是（　　　）。
   A. int a[] = "string";　　　　　　　B. int a[5] = {0,1,2,3,4,5};
   C. string s = "string";　　　　　　D. int a[] = {0,1,2,3,4,5};

3. 函数调用：strcat(strcpy(str1,str2),str3)的功能是（　　　）。
   A. 将串 str1 复制到串 str2 中后再连接到串 str3 之后
   B. 将串 str1 连接到串 str2 之后再复制到串 str3 中

C. 将串 str2 复制到串 str1 中后再将串 str3 连接到串 str1 之后

D. 将串 str2 连接到串 str1 之后再将串 str1 复制到串 str3 中

4. 以下程序段中,不能正确赋字符串(编译时系统会提示错误)的是(　　　　)。

    A. char s[10]= "abcdefg";

    B. char t[]= "abcdefg", * s=t;

    C. char s[10];s= "abcdefg";

    D. char s[10];strcpy(s, "abcdefg");

5. 函数 sstrcmp()的功能是对两个字符串进行比较。当 s 所指字符串和 t 所指字符相等时,返回值为 0;当 s 所指字符串大于 t 所指字符串时,返回值大于 0;当 s 所指字符串小于 t 所指字符串时,返回值小于 0(功能等同于库函数 strcmp())。请填空。

```
#include〈stdio.h〉
intsstrcmp(char * s,char * t)
{
    while( * s&& * t&& * s== * t)
    {s++ ;t++ ;}
    return _____ ;
}
```

6. 下面的程序的功能是:利用指针统计一个字符串中,字母、空格、数字及其他字符的个数,请填空。

```
#include〈stdio.h〉
int main()
{
    int alpha,space,digit,other;
    char * p,s[80];
    alpha=space=digit=other=0;
    printf("input string:\n");
    gets(s);
    for(p=s; * p! ='\0' ;p++ )
        if(_____)||(_____))alpha++ ;
            else if( * p<= =''>)space++ ;
                else if(_____)digit++ ;
                    else other++ ;
    printf("alpha:% dspace:% ddigit:% dother:% d\n", alpha, space, digit,
        other);
    return 0;
}
```

7. 下列程序执行后的输出结果是(　　　　)。

```
int main()
{
    char arr[2][4];
```

```
        strcpy(arr[0],"you");
        strcpy(arr[1],"me");
        arr[0][3]='&';
        printf("%s\n",arr);
        return 0;
    }
```

A. you&me   B. you   C. me   D. err

8. 为了判断两个字符串 s1 和 s2 是否相等,应当使用(   )。
   A. if(s1 = = s2)   B. if(s1 = s2)
   C. if(strcmp(s1,s2))   D. if(strcmp(s1,s2) = = 0)

9. 设有如下字符数组定义,则合理的函数调用是(   )。
    char a[] = "I am a student",b[] = "teacher";
   A. strcmp(a,b);   B. strcpy(a,b[0]);
   C. strcpy(a[7],b);   D. strcat(a[7],b);

10. 以下程序的输出结果是(   )。

```
    int main()
    {
        char st[20] = "hello\0\t\\\";
        printf("%d %d \n",strlen(st),sizeof(st));
        return 0;
    }
```

A. 9 9   B. 5 20   C. 13 20   D. 20 20

10.2.2 提高题

1. 读程序并回答问题。

```
    # include <stdio. h>
    # include <string. h>
    void fun(char * s,char * t)
    {
        char k;
        k = * s;
        * s = * t;
        * t = k;
        s ++;
        t --;
        if( * s)
        fun(s,t);
    }
    int main()
```

```
    {
        char str[10] = "abcdefg", * p;
        p = str + strlen(str)/2 + 1;
        fun(p,p - 2);
        printf("%s\n",str);
        return 0;
    }
```

程序的运行结果为(　　　)。

  A. abcdefg   B. defgabc   C. acegbdf   D. gfedcba

2. 下面的程序：

```
    # include <stdio. h>
    int main()
    {
        chars[30], * p1, * p2;
        p1 = s;
        gets(p1);
        p2 = s;
        gets(p2);
        puts(p1);
        puts(p2);
        return 0;
    }
```

如果程序运行时的输入为

  abc ⟨br⟩

  efgh ⟨br⟩

那么程序输出的结果为(注：⟨br⟩表示回车)(　　　)。

  A. abc ⟨br⟩   B. abc ⟨br⟩   C. efgh ⟨br⟩   D. efgh ⟨br⟩

   abc ⟨br⟩   efgh ⟨br⟩   efgh ⟨br⟩   abc ⟨br⟩

3. 下列给定程序中，函数 fun 的功能是：逐个比较 a、b 两个字符串对应位置中的字符，把 ASCII 值大或等于的字符一次存放到 c 数组中，形成一个新的字符串。例如，若 a 中的字符串为 aBCDeFgH，b 中的字符串为 ABcd，则 c 中的字符串为 aBcdeFgh。请填空。

```
    # include <studio. h>
    # include <string. h>
    void fun(char * p,char * q,char * c)
    {
        int k = 0;
        while( * p || * q)
        {if(_____) c[k] = * q;
            else c[k] = * p;
            if( * p) p = p + k;
```

```
            if( * q)_____;
            k ++ ;
        }
    }
    int main()
    {
        char a[10] = "aBCDeFgh",b[10] = "ABcd",c[80] = {" "};
        _____ ;
        printf("The string a:"); puts(a);
        printf("The string b:"); puts (b);
        printf("The result:"); puts(c);
        return 0;
    }
```

4. 下列程序的功能是：将一个数字字符串转换为一个整数。例如，有字符串"-1234567"程序将它转换为正整数 1234567。请填空。

```
    # include 〈stdio. h〉
    # include 〈string. h〉
    long fs(char * p)
    {
        int i = 0,sign = 1;
        long num = 0;
        if(p[i] == ' - ')
            sign = _____ ;
        if(p[i] == ' +'||p[i] == ' -')i = 1;
        else i = 0;
        while(p[i]! == '\0')
        {
            num * = 10;
            num + = p[i] - 48;
            i ++ ;
        }
        num = sign * num;
        return _____ ;
    }
    int main()
    {
        chars[9];
        long n;
        printf("Enter a string:\n");
        gets(s);
```

```
            n = fs(s);
            printf("%d\n",n);
            return 0;
        }
```

5. 以下程序的输出结果为_____。

```
#include <stdio.h>
#include <string.h>
int main()
{
    char str[] = "Hello, World!";
    char ch = 'o';
    char * ptr = strchr(str, ch);
    if(ptr != NULL)
    {
        printf("Character found at position:%ld\n",ptr - str);
    }
    else
    {
        printf("Character not found\n");
    }
    return 0;
}
```

6. 以下程序的输出结果为_____。

```
#include <stdio.h>
#include <string.h>
int main()
{
    char src[] = "Hello";
    char dest[10];
    strncpy(dest, src, 3);
    dest[3] = '\0';
    printf("Copied string:%s\n", dest);
    return 0;
}
```

10.2.3 拓展题

1. 设计一个程序,实现以下功能:

从用户输入的一行文本中,找出最长的单词并输出。如果有多个单词长度相同且都是最长的,则输出这些单词。

2. 设计一个程序,实现以下功能:

(1) 接收用户输入的两个字符串,分别表示文本和单词。

(2) 在文本中查找该单词出现的位置,并输出每次出现的位置(位置从 1 开始)。

(3) 如果文本中没有出现该单词,则输出提示信息。

要求:

(1) 区分大小写。

(2) 在查找时,不可使用字符串处理库函数,需要自己编写查找算法。

3. 设计一个程序,实现以下功能:

(1) 用户可以输入一个字符串 S,其中包含字母和数字。

(2) 程序需要对字符串 S 中的数字进行提取,按从左到右的顺序,将每个数字提取出来并累加到一个总和中。

(3) 如果一个数字由多位数字组成,则将其视为一个完整的数字。最终输出提取出的数字总和。

第 11 章　指针与数组

引导语

　　在前面的章节,我们学习了数组的相关知识,数组是把同类型数据组织在一起并且连续存储,我们可以利用数组名加下标的方式来访问数组中的元素,而数组名在 C 语言中本质上就是一个指向数组第一个元素的指针,因此数组名可以被视为指针常量。

　　我们可以使用指针来访问数组元素,指针通过指针算术运算来遍历整个数组。指针和数组在 C 语言中密不可分,可以相互转换和操作,灵活使用可以提高代码的效率和灵活性。

学习目标

☞ 能复述指针与数组的关系;

☞ 区分能区分指向数组的指针和指针数组;

☞ 在程序中实现指针与一维数组、指针与二维数组的使用,实现指针数组的应用。

11.1　知识学习点拨

11.1.1　一维数组和指针

1. 数组名作为指针

在大多数情况下,数组名可以看作是指向数组第一个元素的指针。但是,数组名是地址常量,不能移动;指针是变量,可以移动。

2. 指针算术

指针可以通过增加或减少它的值来移动到数组中的下一个或前一个元素。例如,如果 int $*$ p 指向一个整数数组的第一个元素,p＋1 将指向数组的第二个元素。

3. 数组和指针的关系

因为数组名是指向数组第一个元素的指针,所以 array[i]等价于 $*$ (array＋i)。

4. 指针的类型

指针的基类型决定了指针移动时跳过多少字节。例如,int $*$ p 移动一个位置将跳过

sizeof(int)字节。

11.1.2　二维数组和指针

1. 二维数组的内存布局

在内存中,二维数组是连续存储的。对于数组 int arr[M][N],arr[i][j]在内存中的位置可以通过 arr + i * N + j 来计算。

2. 数组的数组

二维数组可以看作是数组的数组。例如,int arr[3][4] 可以看作是包含 3 个元素的数组,每个元素都是一个包含 4 个整数的一维数组。

3. 指向数组的指针

行指针:可以创建一个指向整个一维数组的指针。对于二维数组 int arr[3][4],使用 int (* p)[4]来声明一个指针,它指向一个包含 4 个整数的数组。此时,指针 p 就是一个二级指针,给指针 p 初始化的时候,只能用 p = arr;来初始化,通过行指针可以在二维数组中按行进行遍历和操作。如果想找到元素,必须先移动 p 到某一行,之后再移动至某一列。

列指针:创建一个指向数组元素的指针,通过列指针可以访问数组中特定列的所有元素。对于二维数组 int arr[3][4],使用 int * q 来声明一个指针,列指针是一级指针,可以用 q = arr[0]或者用 q = &arr[0][0]用来初始化;如果想找到二维数组元素,就需要用首地址的相对位移引用。如:* (q + i * N + j),其中 N 为行数。

11.1.3　指针数组与数组指针

指针数组是一个数组,其元素都是指针。如:int * p[3],其中 p 是数组名,含有 3 个元素,且 3 个元素都是基类型为 int 型的指针。

数组指针是一个指向数组的指针。如:int arr[5], * q = &arr;q 指向数组 arr 的首地址。

11.1.4　指针和多维数组作为函数参数

1. 指针作为函数参数

指针常用函数参数来传递数组,这样函数就可以通过指针访问和修改数组的元素。指针作为函数参数与数组名作为函数参数一样,是地址传递。

2. 多维数组作为函数参数

当传递多维数组作为函数参数时,通常需要指定除了第一维以外的所有维度的大小。用指向数组的行指针作函数参数与用二维数组名作函数参数是等同的。

11.1.5　常见错误汇总

本章常见错误汇总如表 11.1 所示。

表 11.1　常见错误汇总

常见错误实例	常见错误描述	错误类型
int a[10]； a++；	试图以指针运算的方式,改变数组名所代表的地址	编译错误
int a[5], * p = a; printf("%d", * (a+5));	对指向数组的指针进行算术运算时,超出了数组的边界	运行错误
char * p = "hello"; * (p+1) = 'A';	试图使用指针方式改变字符串常量内容	运行错误

11.2　习题分层训练

11.2.1　基础题

1. 变量 i 的值为 3, i 的地址为 1000,若欲使 p 为指向 i 的指针变量,则下列赋值正确的是(　　)。

　　A. &i = 3　　　　　　B. * p = 3　　　　　　C. * p = 1000　　　　　　D. p = &i

2. 若有以下定义和语句:

　　　　int a[10] = {1,2,3,4,5,6,7,8,9,10}; * p = a;

则不能表示 a 数组元素的表达式是(　　)。

　　A. * p　　　　　　B. a[10]　　　　　　C. * a　　　　　　D. a[p - a]

3. 有以下程序:

```
int main()
{
    int a[3][3], * p,i;
    p = &a[0][0];
    for(i = 0;i<9;i++)p[i] = i;
    for(i = 0;i<3;i++)printf("%d",a[1][i]);
    rerurn 0;
}
```

程序运行后的输出结果是(　　)。

　　A. 012　　　　　　B. 123　　　　　　C. 234　　　　　　D. 345

4. 以下程序的输出结果为(　　)。

```
char * alpha[6] = {"ABCD","EFGH","IJKL","MNOP","QRST","UVWX"};
char ** p;
int main()
{
```

```
        int i;
        p = alpha;
        for(i = 0;i<4;i++) printf("%c",*(p[i]));
        printf("\n");
        return 0;
    }
```

    A. AEIM   B. BFJN   C. ABCD   D. DHLP

5. 下面程序输出数组中的最大值,由 s 指针指向该元素。

```
    int main()
    {
        int a[10] = {6,7,2,9,1,10,5,8,4,3}, * p, * s;
        for(p = a,s = a;p - a<10;p++)
            if(         ) s = p;
        printf("The max:%d", * s);
        return 0;
    }
```

则在 if 语句中的判断表达式应是(   )

    A. p>s   B. * p> * s   C. a[p]>a[s]   D. p - a>p - s

6. 设有 int a[5] = {1,2,5,9,12}, * p = a, * q = a+3;,则 * q - * p 的值是(   )。

    A. 3   B. 4   C. 7   D. 8

7. 若有以下定义,则对 a 数组元素的非法引用是(   )。

    int a[2][3],(* pa)[3];pa = a;

    A. * (a[0]+2)   B. * pa[2]   C. pa[0][0]   D. * (pa[1]+2)

8. 下列程序运行结果为＿＿＿＿＿＿

```
    #include <stdio.h>
    chars[] = "ABCD";
    int main()
    {
        char * p;
            for(p = s;p<s+4;p++)
                printf("%c %s\n", * p,p);
        return 0;
    }
```

9. 设有以下定义语句:

    int a[3][2] = {10,20,30,40,50,60},(* p)[2] = a;

则 * (* (p+2)+1)的值为＿＿＿＿＿＿。

10. 下列程序运行结果为＿＿＿＿＿＿

```
    #include <stdio.h>
    int main()
    {
```

```
        static char a[] = "Program", * ptr;
        for(ptr = a, ptr < a + 7; ptr + = 2)
            putchar( * ptr);
        return 0;
    }
```

11. 改错：从键盘输入一个字符串，将其小写字母转换成大写字母后，把串中所有字母存放在数组 a 中，最后输出数组 a。

示例：输入 a12bCDe23%fg，输出 ABCDEFG。

```
    # include ⟨stdio.h⟩
    void main()
    {
        char s[81], a[81], * p;
        int i;
        printf("Please input a string:");
        gets(s);
        p = s[0];      /* $ ERROR $ * 1)/
        i = 0;
        while( * p! = '\0')
        {
            if( * p >= 'a' && * p <= 'z')
            {
                a[i] = * p - 32;
                i--;       /* $ ERROR $ * 2)/
            }
            else if( * p >= 'A' && * p <= 'Z')
            {
                a[i] = * p;
                i++;
            }
            p++;
        }
        a[i] = '\0';
        printf("%c\n", a); /* $ ERROR $ * 3)/
    }
```

11.2.2　提高题

1. 下面程序运行后的输出结果是（　　　）。

```
    # include ⟨stdio.h⟩
    int main()
```

```
{
    int x[5]={2,4,6,8,10},* p,** pp;
    p=x;
    pp=&p;
    printf("%d",* (p++));
    printf("%3d\n",** pp);
    return 0;
}
```

  A. 4　4　　　　　　B. 2　4　　　　　　C. 2　2　　　　　　D. 4　6

2. 运行以下程序时,从键盘输入

    abcdabcdef〈回车〉

        cde〈回车〉

程序运行后的输出结果是( )。

```
# include 〈stdio. h〉
int fun(char * p,char  * q);
int main( )
{
    int a;char s[80],t[80];
    gets(s);   gets(t);
    a=fun(s,t);
    printf("a= %d\n",a);
    return(0);
}

int fun(char * p, char * q)
{   int i;
    char * pl=p, * ql;
    for(i=0; * p! = '\0';p++ ,i++ )
    { p=pl+i;
    if( * p! = * q)   continue;
    for(ql=q+1,p=p+1; * p! = '\0'&& * ql! = '\0';ql++ ,p++ )
    if( * p! = * ql)     break;
    if( * ql= ='\0' )        return i;
    }
    return - 1;
}
```

3. 分析以下程序运行后的输出结果_____。

```
# include 〈stdio. h〉
void main( )
{
    int a[3][4]={1,2,3,4,5,6,7,8,9,10},( * pa)[4]=a;
```

```
        printf("%d\n",( * (pa+1))[2]);
    }
```

4. 分析以下程序运行后的输出结果＿＿＿＿＿。

```
    #include 〈stdio. h〉
    void main( )
    {
        int i;
        char * * p;
        char * greeting[ ]={"Hello"," Good morning "," How are you "};
        p=greeting;
        for (i=0;i<=2;i++)
        printf("greeting[%d]=%s\n",i, greeting[i]);
        while ( * * p! ='\0')
        printf("%s\n", * p++);
    }
```

5. 下面 findmax 函数将计算数组中的最大元素及其下标值和地址值,请编写
* findmax( )函数。

```
    # include 〈stdio. h〉
    int * findmax(int * s,int t,int * k)
    {     }
    int main( )
    {
        int a[10]= { 12,23,34,45,56,67,78,89,11,22 },k, * add;
        add=findmax(a,10,&k);
        printf("%d,%d,%o\n",a[k],k,add);
        return(0);
    }
```

6. 以下程序运行后的输出结果是＿＿＿＿＿。

```
    #include 〈stdio. h〉
    #include 〈string. h〉
    char * f(char p[ ][10],int n)
    {
        static char t[20];
        int i,max=0;
        for (i=0;i<n;i++)
        if (strlen(p[i])>max)
        {max=strlen(p[i]);
        strcpy(t,p[i]);
        }
        return(t);
```

```
    }
    void main( )
    {
        char p [ ][10]={"abc","aabdfg","abbd","dcdbe","cd"};
            printf("%s\n",f(p,5));
    }
```

7. 以下程序运行后的输出结果是 ＿＿＿＿＿＿。

```
    ♯include〈stdio.h〉
    void main( )
    {
        int a[ ]={2,6,10,14,18};
        int ＊ptr[ ]={&a[0], &a[1], &a[2], &a[3], &a[4]};
        int ＊＊p,i;
        for (i=0;i<5;i++)
        a[i]=a[i]/2+a[i];
        p=ptr;
        printf("%d ",＊(＊(p+2)));
        printf("%d\n",＊(＊(++p)));
    }
```

11.2.3　拓展题

1. 假设你是一个图像处理软件的开发者,你需要编写一个 C 程序来实现以下功能:定义一个二维整型数组 image 用于存储图像的像素信息,其中每行代表图像的一行像素数据,每列代表一个像素点的颜色值。然后定义一个指向 image 的指针 ptr,通过指针 ptr 访问二维数组元素,实现以下两个功能:

(1) 将图像进行水平翻转,即将每行像素数据逆序排列。

(2) 将图像进行垂直翻转,即将每列像素数据逆序排列。

你需要编写程序来实现以上功能,并输出翻转后的图像像素信息。

假设这个二维数的数据信息为{{1,2,3},{4,5,6},{7,8,9}}。

2. 给定一个整数数组,编写一个 C 语言函数,使用指针实现将数组中的所有负数移动到数组的末尾,保持正数的相对顺序不变。假设数组元素为 1, 2, −3, 4, −5, 6, −7。

3. 给定一个整数数组和一个目标值,编写一个 C 语言程序,使用指针实现在数组中查找两个数,使它们的和等于目标值,并返回这两个数的索引。

第 12 章　结构体与数据结构基础

◀ 引导语 ▶

　　在前面的章节,我们学习了一种简单的构造类型——数组,C 语言还提供了几种基本的数据类型,如 int、char、float 类型,还有指针类型,这些类型是预定义的,它们的大小和行为在 C 语言标准中有明确的规定,用于表示简单的数据值,但事实上,这些基本的数据类型在处理数据时是不够的。在实际的应用当中,程序员会根据自己的需要定义某种类型。

　　现实世界中的实体常常是由不同类型的数据打包在一起来描述的,比如:一个人、一栋建筑、一群动物等,这些都很难只用某一种单一的类型来描述。在 C 语言中,结构体(struct)和共用体(union)是两种允许我们存储不同数据类型的复合数据类型。它们可以帮助我们组织和处理具有相关性的数据项。

　　此外,在实际的存储方式中也不仅仅只有顺序存储一种,还有链式存储等。那么处理这些问题需要注意什么呢? 希望本章的学习指导可以给您启发。

 学习目标

☞ 能够自定义数据类型;
☞ 能正确使用结构体变量、结构体数组、结构体指针等;
☞ 能正确使用共用体类型、枚举类型。

12.1　知识学习点拨

12.1.1　结构体

1. 定义和初始化

　　结构体(struct)是通过 struct 关键字定义的,它可以包含不同类型的数据成员。结构可以在定义时初始化,也可以在声明变量时初始化。

```
struct person
{
    char name[50];
    int age;
    float salary;
}person1 = {"Alice", 30, 50000.0};   //定义的同时初始化
```

2. 嵌套结构体

结构体内可以包含其他结构作为成员,这称为嵌套结构体。

```
struct date
{
    int day;
    int month;
    int year;
};
struct employee
{
    struct date birthday;
    char name[50];
    float salary;
};
```

3. 结构体数组

结构体也可以定义成数组形式,用于存储多个结构变量。

```
struct person people[20];
```

结构体指针:可以定义指向结构的指针,通过指针访问结构成员时需要使用"→"运算符。

```
struct person * ptr = &person1;
printf("Name: %s\n", ptr→name);
```

4. 传递结构

结构可以作为整体传递给函数,也可以通过指针传递,后者更为高效。

5. 匿名结构

C11 标准引入了匿名结构的概念,允许在定义结构时不指定名称。

```
struct
{
    char name[50];
    int age;
} person2;
```

12.1.2　共用体

1. 定义

共用体(union)通过 union 关键字定义,它的所有成员共享同一块内存空间。共用体的大小至少为最大成员的大小。

```
union Data
{
    int i;
    float f;
    char str[20];
};
```

2. 使用场景

共用体常用于节省内存,或者当不同的数据项在同一时间只需要使用其中一个小时。

3. 类型转换

共用体可以用于在不同类型之间进行类型转换,例如将一个整型数据解释为浮点数。

```
union Data data;
data.i = 0x40490fdb;   //IEEE 754 标准中浮点数表示 3.14
printf("%f\n", data.f);
```

4. 匿名共用体

C11 标准允许在结构内定义匿名共用体,这意味着可以直接访问共用体的成员,而不需要通过共用体的名称。

```
struct
{
    union
    {
        int i;
        float f;
    };
    int type;
} value;
value.i = 10;   //直接访问共用体成员
```

12.1.3　枚举类型

1. 枚举类型的命名

枚举类型(enum)命名应当具有描述性,便于理解和维护代码。

2. 枚举常量的赋值

枚举常量默认从 0 开始自增,但也可以显式指定初始值。确保分配给每个枚举常量的值是唯一且适当的。

3．枚举常量的作用域

枚举常量在定义时会创建一个作用域，因此同名枚举常量可以存在于不同的枚举类型中。

4．枚举类型与整数类型的转换

枚举类型可以将隐式转换为整数类型，但建议在需要明确使用整数值的地方进行显式转换，以避免意外行为。

5．共用体和结构体及枚举类型等的组合

共用体、结构体及其他类型可以组合使用，以创建更复杂的数据类型。

```
struct complexdata
{
    union {
        int i;
        float f;
        char str[20];
    } data;
    enum{ INT, FLOAT, STRING}type;
};
```

12.1.4　typedef 用户自定义类型

使用 typedef 定义用户自定义类型是 C 语言中一种常见的技术，能够提高代码的可读性和可维护性，但在使用时需要注意以上几点。

1．语法格式

typedef 关键字后面跟着要定义的新类型的名称，然后是原始类型。例如：typedef int integer;

2．可读性和可维护性

使用 typedef 可以提高代码的可读性和可维护性，使代码更易于理解和修改。

3．命名规范

命名自定义类型时应当遵循命名规范，使其能够清晰地表达其含义。

4．作用范围

typedef 定义的类型名称只在当前作用域内有效，超出该作用域后就无法再使用。

5．结构体和指针类型

typedef 也可用于定义结构体和指针类型，以便简化代码并提高可读性。

6．类型别名

typedef 也常用于为复杂的类型提供简洁的别名，使代码更易于理解和维护。

12.1.5　常见错误汇总

本章常见错误汇总如表 12.1 所示。

表 12.1 常见错误汇总

常见错误实例	常见错误描述	错误类型
employee salary;	缺少 struct 关键字	编译错误

struct mystruct {
　　int x;
　　};
x = 10;
	未正确使用成员运算符	编译错误

	对两个结构体或者共用体进行比较操作	编译错误
	结构体只能包含一种数据类型	理解错误
	不同结构体的成员名字不能相同	理解错误
typedef struct mystruct { 　　int x; }A;	将 A 当结构体变量使用	编译错误
	使用结构体变量作为函数参数是地址传递	理解错误
	typedef 可以创建一个新的类型	理解错误

12.2 习题分层训练

12.2.1 基础题

1. 若有以下说明语句：
```
struct student
{
    int num;
    char name[ ];
    float score;
}stu;
```
则下面的叙述不正确的是(　　　)。
    A. struct 是结构体类型的关键字
    B. struct student 是用户定义的结构体类型
    C. num，score 都是结构体成员名
    D. stu 是用户定义的结构体类型名
2. 以下对结构变量 stu1 中成员 age 的非法引用是(　　　)。
```
struct student
{
```

```
        int age;
        int num;
    }stu1, * p;
    p = &stu1;
```

A. stu1. age

B. student. age

C. p→age

D. (* p). age

3. 设有如下定义：

```
    struct sk
    {
        int a;
        float b;
        }data;
        int * p;
```

若要使 P 指向 data 中的 a 域,正确的赋值语句是(　　)。

A. p = &a;

B. p = data. a;

C. p = &data. a;

D. * p = data. a;

4. 若有以下说明和语句,则对 pup 中 sex 域的正确引用方式是(　　)。

```
    struct pupil
    {
        char name[20];
        int sex;
    }pup, * p;
    p = &pup;
```

A. p. pup. sex　　　　B. p→pup. sex　　　　C. (* p). pup. sex　　　　D. (* p). sex

5. 设有定义语句"enum team{my,your = 4,his,her = his + 10};",则
    printf("%d,%d,%d,%d\n",my,your,his,her);
输出的是(　　)。

A. 0,1,2,3　　　　　B. 0,4,0,10　　　　　C. 0,4,5,15　　　　　D. 1,4,5,15

6. 设有如下定义,则对 data 中的 a 成员的正确引用是(　　)。
    struct sk{ int a; float b;} data, * p = &data;

A. (* p). data. a　　　　　　　　　　B. (* p). a

C. p→data. a　　　　　　　　　　　　D. p. data. a

7. 以下程序运行后的输出结果是(　　)。
    union myun{struct{int x, y, z;}u;int k;}a;
    int main( )
    {

```
        a.u.x=4；
        a.u.y=5；
        a.u.z=6；
        a.k=0；
        printf("%d\n",a.u.x)；
        return 0；
    }
```
　　A. 4　　　　　　　　B. 5　　　　　　　　C. 6　　　　　　　　D. 0

8. 设 struct {int a;char b;}Q，*p=&Q；错误的表达式是(　　)。

　　A. Q.a　　　　　　B. (*p).b　　　　　C. p→a　　　　　　D. *p.b

9. 下面对 typedef 的叙述不正确的是(　　)。

　　A. 用 typedef 可以定义多种类型名,但不能用来定义变量

　　B. 用 typedef 可以增加新类型

　　C. 用 typedef 只是将已存在的类型用一个新的标识符来代表

　　D. 使用 typedef 有利于程序的通用和移植

10. 有以下程序,执行后输出结果是(　　)。

```
    int main()
    {
        union
        {
            unsigned int n；
            unsigned char c；
        }ul；
        ul.c='A'；
        printf("%c\n",ul.n)；
        return 0；
    }
```
　　A. 产生语法错　　B. 随机值　　　　　C. A　　　　　　　　D. 65

11. 设有以下说明语句：

```
    typedef struct stu
    {
        int a；
        float b；
    }stutype；
```
则下面叙述中错误的是(　　)。

　　A. struct 是结构类型的关键字

　　B. struct stu 是用户定义的结构类型

　　C. a 和 b 都是结构成员名

　　D. stutype 是用户定义的结构体变量名

12. ♯include〈stdio.h〉

```
struct mod
{
    int a,b,c;
};
void main()
{
    struct modst[3]={{1,2,3},{4,5,6},{7,8,9}};
    int total;
    total=st[0].a+st[1].b;
    printf("total=%d\n",total);
}
```

程序运行后的输出结果是(　　)。

A. total=5　　　　　B. total=6　　　　　C. total=7　　　　　D. total=8

12.2.2　提高题

1. 以下程序运行后输出结果是(　　)。

```
int main()
{
    union
    {
        chari[2];
        int k;
    }r;
    r.i[0]=2;   r.i[1]=0;
    printf("%d\n",r.k);
}
```

A. 2　　　　　　　B. 1　　　　　　　C. 0　　　　　　　D. 不确定

2. 有以下程序：

```
struct STU
{
    char num[10];float score[3];}
    int main()
    {struct STUs[3]={{"20021",90,95,85},
    {"20022",95,80,75},
    {"20023",100,95,90}}, *p=s;
    int i; float sum=0;
    for(i=0;i<3;i++)
    sum=sum+p->score[i];
    printf("%6.2f\n",sum);
```

```
        return 0；
    }
```

程序运行后的输出结果是（   ）。

　　A. 260.00　　　　B. 270.00　　　　　　C. 280.00　　　　　D. 285.00

3. 下列程序的运行结果为＿＿＿＿＿＿＿。

```
    int main()
    {
        union
        {
            struct
            {int x,y;}in；
            int a,b；
        }e；
        e.a=1；
        e.b=2；
        e.in.x=e.a*e.b；
        e.in.y=e.a+e.b；
        printf("%d %d",e.in.x,e.in.y)；
        return 0；
    }
```

4. 下列程序运行后的输出结果为＿＿＿＿＿＿＿。

```
    struct w{char low;char high;}；
    union u{struct w byte;int word;}uu；
    int main( )
    {   uu.word=0x1234；
        printf("%04x\n",uu.word)；
        printf("%02x\n",uu.byte.high)；
        printf("%02x\n",uu.byte.low)；
        uu.byte.low=0xff；
        printf("%04x\n",uu.word)；
        return 0；
    }
```

5. 以下程序的输出结果为"4,2",请将程序补充完整。

```
    #include ⟨stdio.h⟩
    int main()
    {
        enum color{Red, White=_____, Blue, Green=1, Yellow}c1,c2；
        enum color *p；
        p=&c1；
        c1=Blue；c2=Yellow；
```

```
        printf("%d,%d\n", * p,c2);
        return 0;
    }
```

6. 在选举中进行投票,包含候选人姓名、得票数,假设有多位候选人,用结构体数组统计各候选人的得票数。

```
#include <stdio.h>
#include <string.h>
struct person
{
    _____
}a[6]={"zhang",0,"li",0,"wang",0,"zhao",0,"liu",0,"zhu",0};
void main()
{
    int i,j;
    char abc[20];
    for(i=1;i<=10;i++)
    {
        printf("输入候选人名字:");
        scanf("%s",abc);
        for(j=0;j<6;j++)
            if(_____)a[j].count++;
    }
    for(j=0;j<6;j++)
        printf("%s:%d\n",_____);
}
```

12.2.3 拓展题

1. 定义一个结构体 Book 表示图书信息,包含图书的标题、作者和价格。编写一个 C 语言程序,使用指针实现对图书信息的排序,按照价格从低到高的顺序进行排序并输出排序后的图书信息。

2. 编程实现饮料贩卖小系统,功能包括:

(1) 需要记录几种饮料的名字、数量、价格;

(2) 实现当某种饮料数量<1 时,加 10 瓶,最后比较卖出数量,找到最多的。

3. 病人挂号系统:

编写一个程序,模拟病人挂号。要求:

(1) 能录入病人信息。

(2) 能将病人分配到对应的科室。

第 13 章 文   件

◀ 引导语 ▶

　　在前面章节的学习中,运行程序所需的数据都是从键盘输入的,程序运行的结果也只显示在屏幕上。但是,当程序运行完成或终止时,内存中的数据就会丢失。现实中,为了能够重复使用和长期保存数据,可以使用文件来保存数据。将数据以文件的形式存放在硬盘、U 盘或光盘等外部介质上,这样可以达到数据重复使用和长期保存的目的。

　　在实际应用中,我们可以通过编辑工具提前创建输入数据文件,程序运行时从指定文件中读取数据,实现数据一次输入多次使用。同样地,当有大量输出数据时,也可以将数据输出到指定文件中,随时查看结果。当然了,程序的运算结果也可以作为另一个程序的输入,进一步进行数据处理。

学习目标

☞ 能看懂 FILE 类型指针;
☞ 读懂文件的打开、关闭、读写操作、文件定位函数;
☞ 在程序中实现宏定义和条件编译的用法;
☞ 读懂文件包含。

13.1　知识学习点拨

13.1.1　文件的分类

从不同的角度对文件进行分类:

1. 从用户使用的角度分类

从用户使用的角度,文件可分为普通文件和设备文件两种。

普通文件是指存储在外部介质上的一个有序数据集合,可分为程序文件和数据文件两种类型。

　　设备文件是指与主机相连的各种外部设备,如显示器、打印机、键盘等。在操作系统中,外部设备也看作文件来进行管理,它们的输入和输出等同于对磁盘文件的读和写。

2. 从数据存储方式的角度分类

　　根据数据的存储方式,可将文件分为文本文件和二进制文件。

　　文本文件也称为 ASCII 文件,这种文件在磁盘中存放时每个字符占一个字节,每个字节中存放相应字符的 ASCII 码,内存中的数据存储时需要转换为 ASCII 码。

　　二进制文件是按二进制的编码方式存放文件的,内存中的数据存储时不需要进行数据转换,存储介质上保存的数据采用与内存数据一致的表示形式存储。

3. 从数据组织形式的角度分类

　　按照数据的组织形式,C 语言文件可分为顺序文件和随机文件。

　　顺序文件要求严格按顺序进行访问。数据写入文件时按照数据的先后次序一个接着一个地存放,若要读取数据,也要从头到尾按顺序读取,不能直接在数据间不连续地访问。

　　随机文件中每条记录在存储介质中所占的长度都相同。数据写入文件时没有先后次序的限制,由于每条记录占用的长度固定,读取时只要告知需要第几条记录便可计算出该记录的位置。

13.1.2　文件的操作

　　一些常见的 C 语言文件操作包括:

　　(1) 打开文件:使用 fopen(const char ＊ filename, const char ＊ mode)函数打开一个文件。

　　(2) 关闭文件:使用 fclose(文件指针)函数关闭一个文件。

　　(3) 读取文件:使用 fread(buffer,size,count,fp)函数从文件中读取数据。

　　(4) 写入文件:使用 fwrite(buffer,size,count,fp)函数向文件中写入数据。

　　(5) 移动文件指针:使用 fseek(fp,offset,fromwhere)函数在文件中移动文件指针。

　　(6) 检查文件结尾:使用 feof(文件指针)函数检查文件是否达到结尾。

　　(7) 检查文件错误:使用 ferror(fp)函数检查文件操作是否出错。

　　(8) 重命名文件:使用 rename 函数重命名文件。

　　(9) 删除文件:使用 remove 函数删除文件。

　　在进行文件操作时需要注意:

　　(1) 确保文件存在:在打开文件之前,需要确保文件存在或具有相应的权限。

　　(2) 错误处理:对文件操作过程中可能出现的错误进行适当的处理,比如文件打开失败、读写操作失败等。

　　(3) 关闭文件:在完成文件操作后,一定要记得关闭文件,释放资源。

　　(4) 文件指针位置:在进行读写操作时,要注意文件指针的位置,确保读取或写入的数据位置正确。

　　(5) 文件操作权限:要根据实际需求选择合适的文件操作权限,避免因权限问题导致操作失败。

13.1.3　常见错误汇总

本章常见错误汇总如表 13.1 所示。

表 13.1　常见错误汇总

常见错误实例	常见错误描述	错误类型
FILE ＊ fp；fgetc(fp)；	操作文件前,没有成功打开文件	运行错误
FILE ＊ fp； fp = fopen("D:\path\f1. txt", "a + ")；	warning：unknown escape sequence：'\p' 打开文件时,文件路径少写了一个反斜杠	编译错误
FILE ＊ fp；char ch = ' t'； fp = fopen("D:\\path\\f1. txt", "r")； fputc(ch,fp)；	文件打开方式不正确	运行错误

13.2　习题分层训练

13.2.1　基础题

1. C 语言标准库函数 fread(fd,buffer,n)的功能是(　　　)。
   - A. 从文件 fd 中读取长度不超过 n 个字节的数据送入 buffer 指向的内存区域
   - B. 从文件 fd 中读取长度不超过 $n-1$ 个字节的数据送入 buffer 指向的内存区域
   - C. 从文件 fd 中读取长度不超过 n 个字符送入 buffer 指向的内存区域
   - D. 从文件 fd 中读取长度不超过 $n-1$ 个字符送入 buffer 指向的内存区域
2. 由系统分配和控制的标准输出文件为(　　　)。
   - A. 键盘　　　　　　B. 磁盘　　　　　　C. 打印机　　　　　　D. 显示器
3. 以下程序企图把从终端输入的字符输出到名为 abc. txt 的文件中,直到从终端读入字符♯号时结束输入和输出操作,但程序有错。出错的原因是(　　　)。

```
♯include 〈stdio. h〉
int main( )
{
    FILE  ＊ fout；
    char ch；
    fout = fopen(' abc. txt' ,' w' )；
    ch = fgetc(stdin)；
    while(ch! =' ♯' )
    {fputc(ch,fout)；
        ch = fgetc(stdin)；
```

```
        }
        fclose(fout);
    }
```

    A. 函数 fopen 调用形式有误　　　　　　B. 输入文件没有关闭

    C. 函数 fgetc 调用形式有误　　　　　　D. 文件指针 stdin 没有定义

   4. 若要打开 A 盘上 user 子目录下名为 abc.txt 的文本文件进行读、写操作,下面符合此要求的函数调用是(　　　　)。

    A. fopen("A:\\user\\abc.txt","r")　　　B. fopen("A:\\user\\abc.txt","r+")

    C. fopen("A:\\user\\abc.txt","rb")　　　D. fopen("A:\\userl\\abc.txt","w")

   5. 下面的程序执行后,文件 test.t 中的内容是(　　　　)。

```
        #include <stdio.h>
        void fun(char *fname,char *st)
        {
            FILE *myf; int i;
            myf = fopen(fname,"w");
            for(i=0;i<strlen(st);i++)fputc(st[i],myf);
            fclose(myf);
        }
        main()
        { fun("test.t","new world");fun("test.t","hello,");}
```

    A. hello,　　　　B. new,worldhello　　　C. new,world　　　D. hello,rld

   6. 在 C 程序中,可以把整型数以二进制形式存放到文件中的函数是(　　　　)。

    A. fprintf 函数　　　B. fread 函数　　　C. fwrite 函数　　　D. fputc 函数

   7. 在 C 语言程序中,(　　　　)。

    A. 文件只能顺序读写

    B. 文件只能随机读写

    C. 只能从文件的开头进行读写

    D. 可以从文件开头进行读写,也可以在其他位置进行读写

   8. 要打开一个已存在的非空文件"file"用于修改,则正确的 fopen 函数调用形式是(　　　　)。

    A. fp = fopen("file", "r");　　　　　　B. fp = fopen("file", "a+");

    C. fp = fopen("file", "w");　　　　　　D. fp = fopen("file", "r+");

   9. 设文件指针 fp 指向以读写方式打开的文件 f1.txt,要写入一个字符 ch 写入到文件 f1.txt,可以通过调用函数(　　　　)来实现。

    A. fgetc(fp,ch)　　　　　　　　　　　B. fputc(ch,"f1.txt")

    C. fputc(ch,fp)　　　　　　　　　　　D. fputc(fp,ch)

   10. 若 fp 是指向某文件的指针,且已读到此文件末尾,则库函数 feof(fp) 的返回值是(　　　　)。

    A. EOF　　　　　　B. 0　　　　　　C. 非零值　　　　　　D. NULL

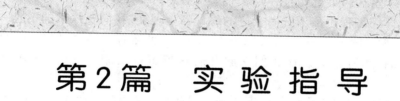

第2篇 实验指导

第 14 章　常用集成开发环境简介

14.1　Visual C++ 6.0 的安装与使用

学习一门编程语言,最重要的是实操,而实操必然离不开编程软件。就像学习驾驶需要一辆汽车一样,学习编程也离不开一个好的编译器。现在,我们要探索的不是一辆普通的"汽车",而是一辆"古董车"——Visual C++ 6.0。它虽然有点年岁,但是魅力依旧,就像一瓶珍贵的老酒,越陈越香。让我们一起开启这趟编程之旅,去探索这款经典软件的奥秘!

Visual C++ 6.0,简称 VC 6.0,是微软于 1998 年推出的一款 C++ 编译器,集成了 MFC 6.0。它是一款革命性的产品,非常经典,至今仍然有很多企业和个人在使用,很多高校也将 VC 6.0 作为 C 语言的教学基础,作为上机实验的工具。微软原版的 Visual C++ 6.0 已经不容易找到,网上提供的都是经过第三方修改的版本,删除了一些使用不到的功能,增强了兼容性。

安装 VC 6.0 就像是组装积木,按照指南一步步来,最终你会得到一个完美的作品。接下来就让我们一起安装 VC 6.0 吧。这里我们使用 VC 6.0 完整绿色版,它能够支持一般的 C/C++ 应用程序开发以及计算机二级考试。

14.1.1　Visual C++ 6.0 的安装

首先,我们需要获取 VC 6.0 的安装文件。这是一个完整的、方便使用的版本,特别适合初学者。下载 VC 6.0 的安装包,下载完成后会得到一个压缩包,解压后双击 Setup.exe 程序即可开始安装。

(1) 开始安装,如图 14.1 所示,一直点下一步,直到图 14.2。

(2) 选择安装路径。

你可以将 VC 6.0 安装在任意位置,但在选择安装路径时,建议避开包含中文字符的路径。因为 VC 6.0 可能在处理中文路径时遇到一些小问题。所以,选择一个简单的路径,例如 C:\VC 6.0,会是个不错的选择。如图 14.2 右上方"浏览"按钮可以设置你的安装路径进行安装。设置完路径后点右下方"下一步"按钮。

(3) 等待安装,如图 14.3 所示。

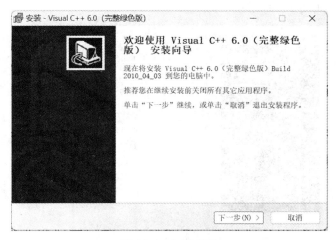

图 14.1　开始安装

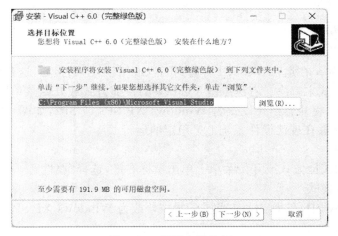

图 14.2　设置安装路径

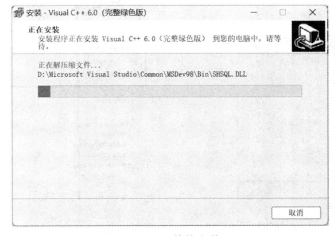

图 14.3　等待安装

（4）安装完成，如图 14.4 所示。

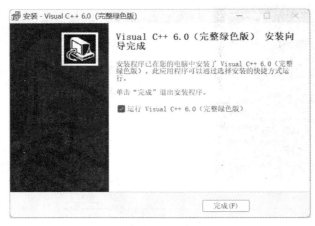

图 14.4　安装完成

14.1.2　配置

安装完毕后，如果在运行 VC 6.0 时遇到闪退或错误，不用担心，这是常见的小问题，可以通过设置兼容模式来解决。右键点击 VC 6.0 的快捷方式或开始菜单图标，选择"属性"，在兼容性选项卡中，将兼容模式设置为 Windows XP SP3 或 SP2，如图 14.5 所示。这样一来，VC 6.0 应该能够在现代操作系统上更稳定的运行。

（1）打开属性

在 VC 6.0 的快捷方式或开始菜单上单击鼠标右键，选择"属性"。

（2）设置兼容模式

在弹出的对话框中，在兼容性中，将兼容模式修改为 Windows XP SP3 或 SP2，如图 14.6 所示。

图 14.5　右击"属性"对话框　　　　图 14.6　设置"兼容性"对话框

14.1.3　使用 VC 6.0 编写 C 语言代码

安装部分我们就介绍到这里。接下来,就是更加激动人心的编程实践了。准备好迈出这一步了吗? 让我们继续前进,探索 C++ 编程的精彩世界吧! 首先打开 VC 6.0,你会看到如图 14.7 界面,可以看到 VC 6.0 的主界面非常简洁,但是它的功能却十分丰富,一定能满足我们的使用需求。图 14.7 快捷菜单栏图标上标注了相应操作,如"新建文本文件""打开""编译""组建""编译 + 组建 + 执行"等快捷键。

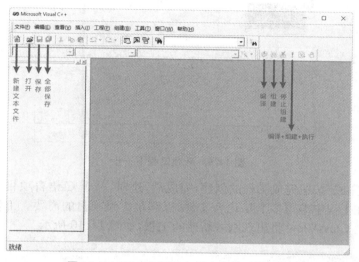

图 14.7　VC 6.0 打开未创建文件时的界面

我们都知道,C-Free 是支持单个源文件的编译和链接的。在 VC 6.0 下,有两种创建源程序的方式,第一种是先创建工程(Project),然后再添加源文件。第二种是直接新建源程序。下面一起来看一下这两种创建方式:

1. 第一种创建源程序方式

(1) 新建 Win32 Console Application 工程

首先,需要新建 Win32 Console Application 工程。打开 VC 6.0,在菜单栏中选择"文件"→"新建",或者同时按下 Ctrl + N,弹出图 14.8 对话框所示。

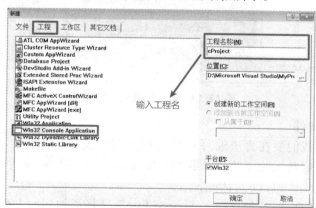

图 14.8　新建工程对话框

　　切换到"工程"选项卡,选择"Win32 Console Application",填写工程名称和项目位置路径,项目名称要符合标识符定义,最好能见名知意。项目路径可以使用默认的地址或自己希望的地址。填写完成后点击"确定",会弹出一个对话框询问类型,这里选择"一个空工程",如图14.9所示。

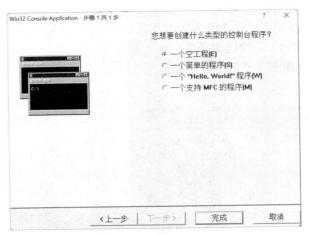

图 14.9　新建工程下一步

　　点击下面"完成"按钮完成工程的创建,完成后,这时,一个 C 语言项目的工程就创建好啦! 我们可以在工程中编写多个 C 语言文件,以满足大型项目的需要。工程创建完成后主界面左边浏览栏 ClassView 将出现刚才新建的工程,如图 14.10 所示。

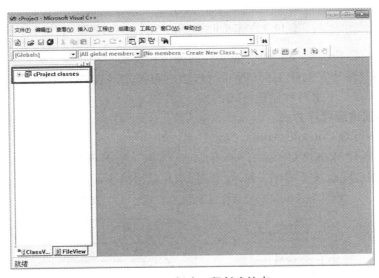

图 14.10　新建工程创建结束

（2）新建 C 源文件

　　工程创建好后,我们要在哪里编写 C 语言代码呢? 没错,我们还需要在工程里新建 C 语言源文件,就是我们熟知的.c 文件。我们只需在菜单栏中选择"文件"→"新建",或者 同时按下 Ctrl + N,弹出图 14.11 对话框。

　　切换到"文件"选项卡,选择"C++ Source File",选择添加到的工程,并填写文件名,文件名命名也符合标识符定义,填写文件名后别忘记加文件扩展名即".c",然后点击"确定"完成。

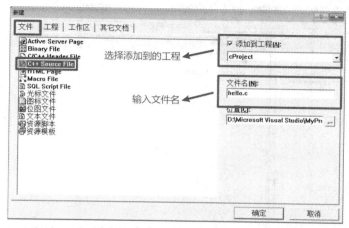

图 14.11　创建文件选项卡

（3）编写 C 语言代码

C 源文件创建完成后,就可以在工作空间左侧浏览区 FileView 选项卡中看到工程和源文件的结构,如图 14.12 所示。

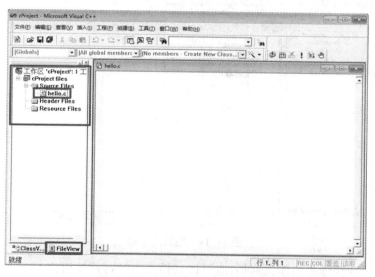

图 14.12　浏览区 FileView 选项卡

然后双击图 14.12 中 FileView 选项卡源文件"hello.c",进入编辑界面,如图 14.12 右侧白色编辑区。这时,我们就可以在编辑区内书写我们的代码,正式开始我们的编程之旅啦！这里我们先写一个简单的示例,编辑框里输入如图 14.13 所示代码,然后点击左上方保存按钮保存。该程序功能是输出"Hello,C!",相信这一定难不倒你！

（4）编译并运行代码

代码编写好保存了,该怎么编译运行呢？接下来,只需在"组建"菜单中找到编译、组建和运行的功能,如图 14.14 所示。我们可以一步一步来,先点编译,编译完成且未报错后点组建,生成可执行文件,即可完成代码的编译、组建工作,如图 14.14 所示。

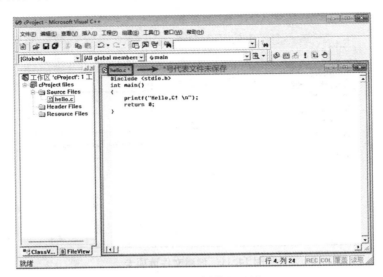

图 14.13　编辑输入区域

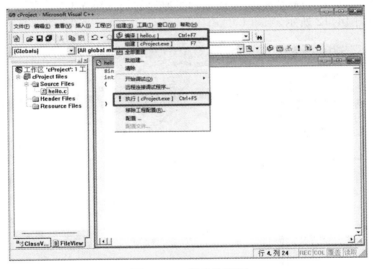

图 14.14　组建选项框

　　如果你觉得这样分步操作太麻烦,也可以直接点击"执行"按钮或 Ctrl + F5,直接完成编译和组建,当我们的程序没有语法错误时,可以看到运行结果,如图 14.15 所示。

　　我们注意到,编译链接生成的 .exe 文件在工程目录下的 Debug 文件夹内。我们以上面的工程为例,路径为 D:\Microsoft Visual Studio\MyProjects\cProject,该路径下有一个 Debug 文件夹,进入可以看到 cProject.exe,如图 14.16 所示。

　　在 Debug 目录中还会看到一个名为 hello.obj 的文件。.obj 是 VC/VS 生成的目标文件,它是二进制文件,该文件没有与其他库文件进行链接,也就是生成可执行文件.exe 之前的文件。细心的你一定发现,在 D:\Microsoft Visual Studio\MyProjects\cProject 目录下,除了 hello.c,还会看到很多其他的文件,它们是 VC 6.0 自动创建的,用来支持当前工程,这不属于 C 语言的范围,我们可以忽略它们。

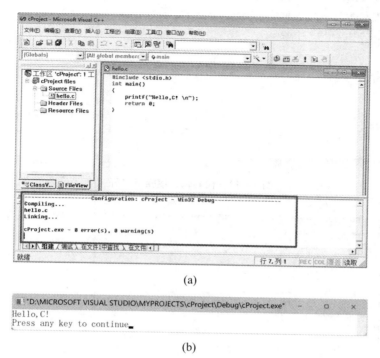

(a)

(b)

图 14.15　一键完成程序运行

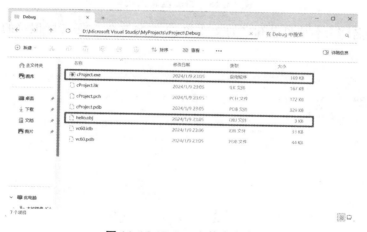

图 14.16　Debug 文件夹内容

2. 第二种创建源程序方式

首先,打开 VC 6.0,点击"新建文本文件"快捷按钮,会打开代码输入编辑区,如图 14.17 所示。在编辑框里输入图 14.13 中代码,如图 14.18 所示,同时,我们会发现我们图 14.18 编辑区左上方文件名为"Text1 *",要编译运行我们的文件,首先要保存 C 源文件。所以,紧接着点击左上方快捷键"保存"(可参考图 14.7 标识位置),会弹出如图 14.19 所示的保存文件对话框。

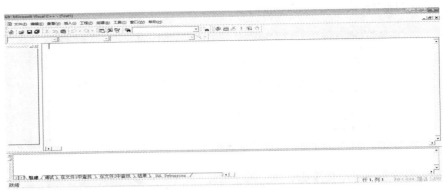

图 14.17　代码输入编辑框打开

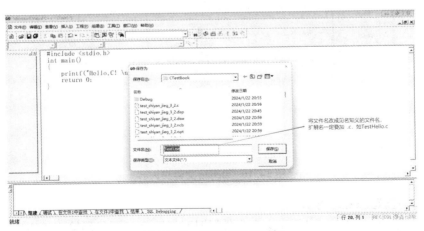

图 14.18　编辑区输入代码

在此,文件名请命名成见名知义的文件名,文件名符合 C 语言标识符的定义,扩展名一定要加".c"!

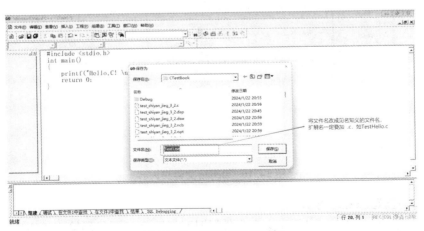

图 14.19　保存文件对话框

然后再点"保存",如图 14.20 所示。

然后,点击"编译"快捷键(可参考图 14.7 标注),我们就可以编译了。系统弹出如图 14.21 所示窗口,询问是否创建一个缺省的项目空间,请选择点击"是",

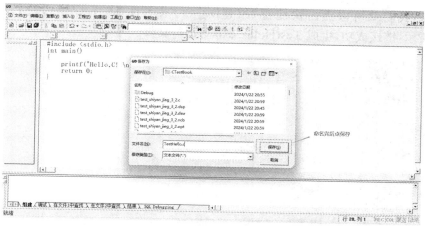

图 14. 20　命名源文件名称

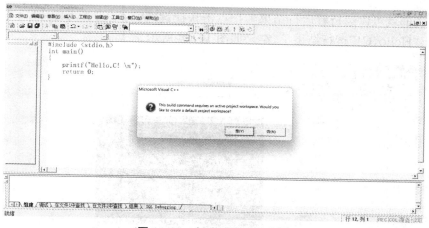

图 14. 21　创建缺省项目空间

若我们编写的代码没有语法错误,合理,系统会在编辑区下面输出窗口显示"0 error(s),0 warning(s)",系统会生成二进制目标代码文件,对应本目标文件为 TestHello. obj,如图 14. 22 所示。

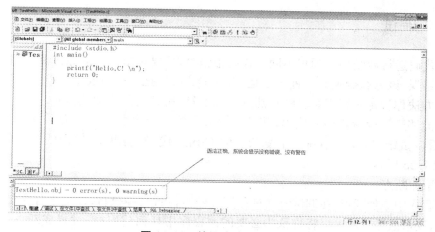

图 14. 22　编译生成目标文件

接下来,我们就可以点击快捷键"组建"了(可参考图 14.7 标注),进行链接了,如图 14.23 所示,链接成功,生成 TestHello.exe 可运行文件。

图 14.23　链接成功生成 exe 文件

现在,我们就可以运行看运行结果啦!点击快捷键"运行"(可参考图 14.7 标注),就可以看到输出"Hello,C!"运行结果了,结果如图 14.24 所示。

图 14.24　程序运行结果

14.1.4　调试

有时代码运行后结果与预想不同或代码报错时,想要找出错误的原因和位置,进而改正程序中的错误,该怎么做呢? 一种方法是"人脑 Debug",把自己当成编译器,一步一步运行,但是这种方法你肯定觉得很烧脑吧! 那这时,就可以用到代码的调试功能。

调试能够逐行运行我们的代码,并且实时查看每一个参数的值。为了方便演示调试的过程、查看调试结果,我们编写一个复杂点的 C 语言代码,输出 10 以内的非负偶数及其个数,如图 14.25 所示。

（1）添加断点

在源程序中添加断点,在调试时允许程序在断点位置暂停执行,以便于程序员查看、检查程序状态、变量值等。你可以将你认为必要的源程序中任何代码行,设置成断点。当程序执行到这一行时,它会暂停,等待你进一步的操作。那如何添加断点呢? 只需在菜单栏中点击

图 14.25　调试程序代码

"编辑"栏,然后选择"断点…"选项(或同时按 Alt + F9),弹出断点设置框,如图 14.26 所示。

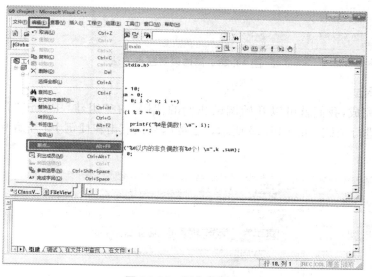

图 14.26　断点选择卡

在"分隔符在:"一栏中填入一个数字,表示在第几行加入断点(本例将断点加在第七行)。如图 14.27 所示。

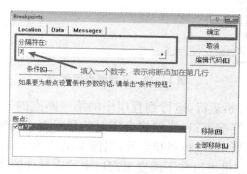

图 14.27　设置断点对话框

是不是觉得这样添加断点很复杂？那这里有另一种更简单快捷的方法，只需将输入光标放在想要加断点的行，然后点击手型的"Insert/Remove Breakpoint"按钮，即可在该行添加断点，添加好后在该行编辑区左侧会看到一个小图点，如图14.28所示。

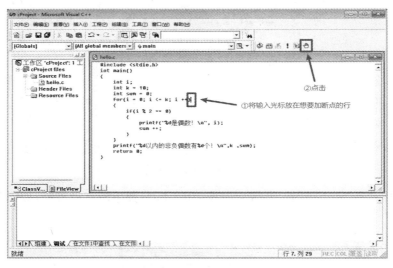

图 14.28　简洁设置断点方法

（2）开始调试

断点添加完成，我们就可以开始调试我们的代码。在"组建"中点击"开始调试"，选择"Go"后，即可进行调试，如图14.29所示。也可以直接点击快捷键F5开始调试，如图14.30所示。

图 14.29　开始断点调试

点击调试后，程序就开始运行，运行到程序中的第一断点的位置会暂停，等待我们的操作。通常此时会弹出一个终端窗口，终端将会实时的显示每一行断点代码运行后相关变量的显示结果。如图14.31所示，运行到断点处，当前k的值为10，i的值没有赋初值，前值为随机数，sum的值为0，我们也可以在下面变量窗口中输入其他的变量，查看其他变量当前的值。系统会显示当前这个变量的值。

图 14.30　调试快捷键

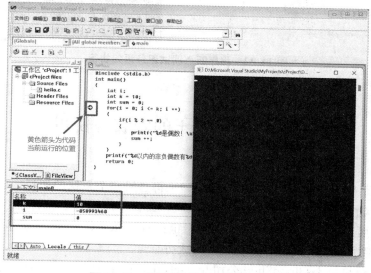

图 14.31　断点调试到断点位置暂停

（3）运行下一条语句

我们按一次 F10 键，程序继续执行下一条语句，再按一次 F10 键程序继续向下运行下一条语句，在执行过程中，我们在编辑区下方可观察到相应变量值的变化。如图 14.32 所示。

14.1.5　总结

现在，我们已经一起见证了 Visual C++6.0 的安装和常用的调试过程。这次的旅程不仅是关于如何使用一款经典的开发工具，更是关于我们与代码之间的互动与探索。VC 6.0 作为一款资深的编程软件，虽然，现代看来略显陈旧，但它所蕴含的编程精髓和基础教训是永恒的。无论是初次安装软件、编写第一个程序，还是在调试时设置断点，每一步都是我们编程旅程中不可或缺的一部分。希望通过这次经历，您不仅能掌握 VC 6.0 的使用，更能在编程的道路上迈出坚实的一步。请记住，编程不仅仅是写代码，更是一种思维、解决问题能力的培养。让我们在这条充满挑战和乐趣的路上继续前进吧！

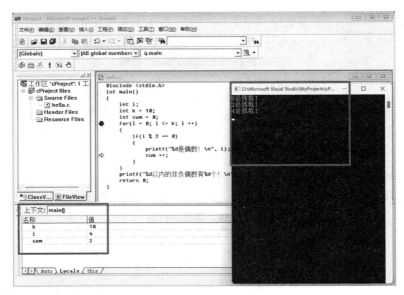

图 14.32　程序断点调试逐条语句执行

14.2　Dev C++ 的安装与使用

如果你觉得 VC 6.0 年份久远,那 Dev C++ 将是另一个不错的选择。Dev C++(有时候也称为 Dev Cpp)是一款免费开源的 C/C++ IDE,内嵌 GCC 编译器(GCC 编译器的 Windows 移植版),是 NOI、NOIP 等比赛的指定工具。Dev C++ 的优点是体积小(只有几十兆)、安装卸载方便、学习成本低,缺点是调试功能弱。

Dev C++ 最早是由 BloodShed 公司开发的,在版本 4.9.2 之后该公司停止开发并开放源代码。然后由 Orwell 接手进行维护,陆续开发了几个版本,后来也有其他开发人员陆续参与开发维护并发布了一些分支版本。

本教程安装的是 Orwell 版本的 Dev C++,截至目前,Dev C++ 的最新版本是 5.11。

14.2.1　Dev C++ 的安装

Dev C++ 在官网下载完成后会得到一个安装包(.exe 程序),双击该文件即可开始安装。

(1) 首先加载安装程序(只需要几十秒),如图 14.33 所示。

(2) 开始安装,如图 14.34 所示。

Dev C++ 支持多国语言,包括简体中文,但是要等到安装完成以后才能设置,在安装过程中不能使用简体中文,所以这里我们选择英文。

(3) 同意 Dev C++ 的各项条款,如图 14.35 所示。

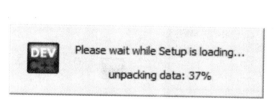

图 14.33　加载安装程序

图 14.34　安装界面

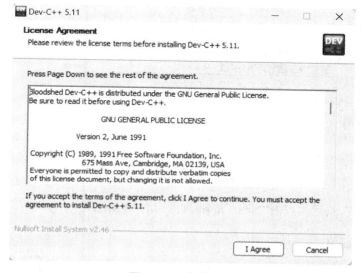

图 14.35　条款界面

（4）选择要安装的组件（初学者保持默认就可，直接下一步），如图 14.36 所示。

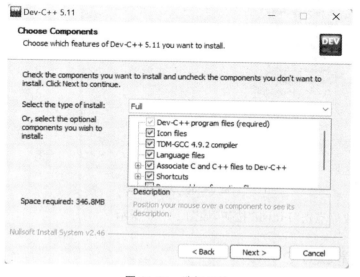

图 14.36　选择组件

（5）选择安装路径，如图 14.37 所示。

你可以将 Dev C++ 安装路径设置到你需要的任意位置,但是路径中最好不要包含中文。然后点击"Install"按钮。

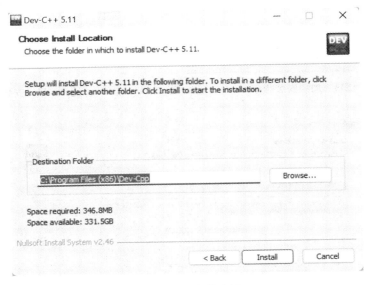

图 14.37　安装路径

(6) 等待安装,然后再点击"Next"按钮,如图 14.38 所示。

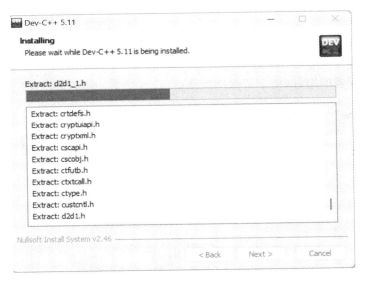

图 14.38　等待安装

(7) 安装完成后点击"Finish"按钮,如图 14.39 所示。

14.2.2　配置 Dev C++

安装完成后,就可以启动 Dev C++ 啦! 首次使用 Dev C++ 我们可以按照自己的喜好做简单的配置,比如设置语言、字体、和主题风格。

（1）第一次启动 Dev C++ 后，提示选择语言，如图 14.40 所示。

这里可以根据需要，选择"简体中文/Chinese"语言。

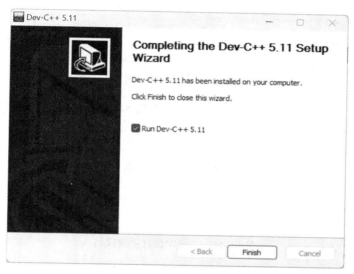

图 14.39 安装完成

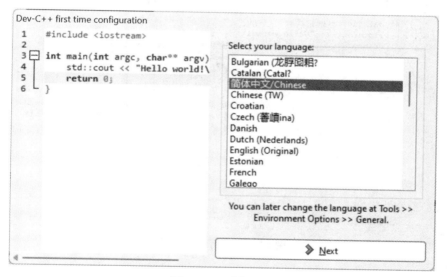

图 14.40 选择语言

（2）选择字体和主题风格，如图 14.41 所示。

这里选择保持默认，点击"Next"按钮即可。

（3）提示设置成功，如图 14.42 所示。

点击"OK"按钮，之后就进入软件界面，到此安装就完成了。

图 14.41 选择字体和主题风格

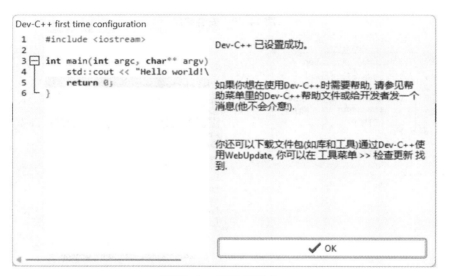

图 14.42 提示设置成功

14.2.3 使用 Dev C++ 编写 C 语言代码

配置完成,就可以通过 Dev C++ 编写代码啦! Dev C++ 支持单个源文件的编译,如果你的程序只有一个源文件(初学者基本都是在单个源文件下编写代码),那么不用创建项目,直接运行就可以了;如果有多个源文件,才需要创建项目。这里我们使用单个源文件的编译,具体的菜单快捷键如图 14.43 所示。

(1)新建源文件

Dev C++ 编写代码相比于 VC 6.0 更加简单快捷,只需打开 Dev C++,在上方菜单栏中选择"文件"→"新建"→"源代码"或者点击菜单快捷键"新建"按钮,如图 14.44 所示。

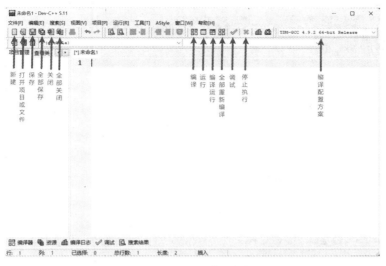

图 14.43　编写代码界面

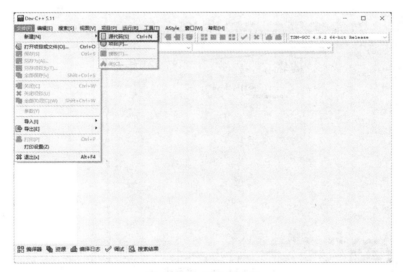

图 14.44　新建源文件

或者按下 Ctrl＋N 组合键，就会新建一个空白的源文件，即可以直接在代码编辑区编写代码，如图 14.45 所示。

（2）编写代码

在空白代码编辑区输入源代码。同样地，我们这里写一个简单的例子，输出"Hello，C!"，如图 14.46 所示。

（3）保存 C 语言源文件

代码编写完成后，你会发现代码编辑区上方文件的文件名为"未命名 1"，在文件名前有个" ＊ "号，这代表我们编写的文件未保存。保存文件需要在上方菜单栏中选择"文件"→"保存"，或者菜单快捷键按下保存按钮，或者按下 Ctrl＋S 组合键，弹出如图 14.47 所示保存对话框。在文件名处，务必把文件扩展名写为.c。

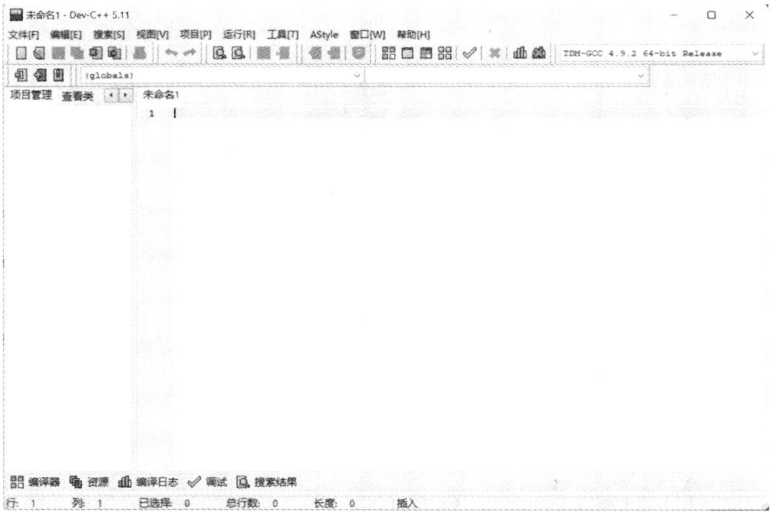

图 14.45 新建一个空白的源文件

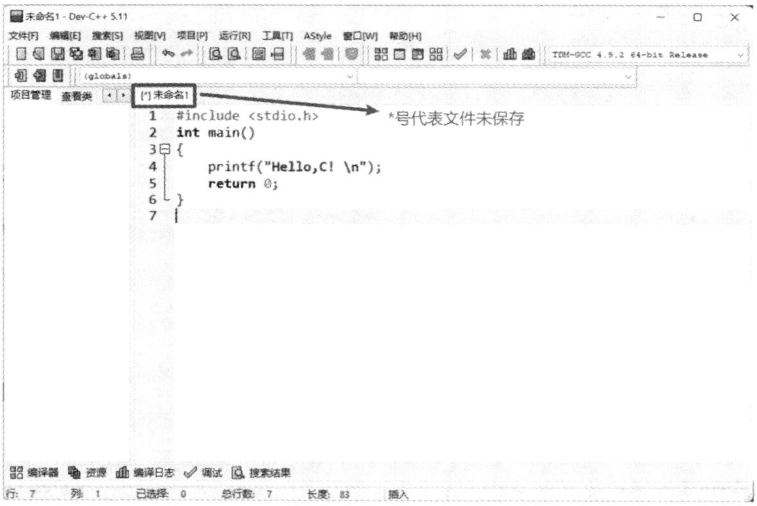

图 14.46 编写代码

图 14.47 保存文件

提示：C++是在 C 语言的基础上进行的扩展，C++已经包含了 C 语言的全部内容，所以大部分 IDE 默认创建的是 C++文件。所以我们保存文件，在填写源文件名称时把后缀改为.c 即可，编译器会根据源文件的后缀来判断代码的种类，并进行编译。图 14.47 中，我们将源文件命名为 hello.c。

（4）生成可执行程序

C 语言文件写好保存后，就可以编译 C 语言文件了，最终生成可执行文件，即可运行代码。首先，在上方菜单栏中选择"运行"→"编译"，就可以完成 hello.c 源文件的编译工作，如图 14.48 所示。

图 14.48　编译文件

或者直接按下 F9 键，也能够完成编译工作，这样更加便捷。

如果代码没有错误，会在下方的"编译日志"窗口中看到编译成功的提示，如图 14.49 所示。

图 14.49　编译成功提示

编译完成后，打开源文件所在的目录（本教程中是 C:\Users\Walch\Desktop\），会看到目录下多了一个名为 hello.exe 的文件，这就是最终生成的可执行文件。

之所以没有看到目标文件，是因为 Dev C++将编译和链接这两个步骤合二为一了，将它们统称为"编译"，并且在链接完成后删除了这个目标文件。

　　然后双击 hello. exe 运行,我们会看到一个黑色窗口一闪而过,并没有输出"Hello,C!"
几个字,而是会看到一个黑色窗口一闪而过。这是因为,程序输出"C 语言中文网"后就运行
结束了,窗口会自动关闭,时间非常短暂,所以看不到输出结果,只能看到一个"黑影"。

　　怎么让它出现呢? 需要对上面的代码稍做修改,让程序输出"Hello,C!"后暂停下来,如
图 14.50 所示。

图 14.50　修改代码

　　代码中加入 system("pause");语句的作用就是让程序暂停一下。注意代码开头部分须
添加头文件 ♯ include〈stdlib. h〉,因为 system("pause");在此头文件中。

　　再次编译,运行生成的 hello. exe,可以看到输出结果,如图 14.51 所示。

图 14.51　输出结果

　　按下键盘上的任意一个键,程序就会关闭。

　　(5)另一种编译运行方式

　　实际开发中我们一般使用菜单中的"编译"→"编译运行"选项,如图 14.52 所示。

　　或者直接按下 F11 键,这样能够一键完成"编译→链接→运行"的全过程,不用再到文件
夹中找到可执行程序再运行。这样做的另外一个好处是,编译器会让程序自动暂停,我们也
不用再添加 system("pause");语句了。删除上面代码中的 system("pause");语句,按下

F11 键再次运行程序,结果如图 14.53 所示。

图 14.52　编译运行

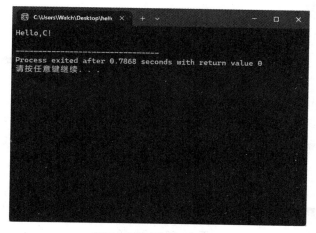

图 14.53　再次运行程序

14.2.4　调试

与 VC 6.0 一样,Dev C++ 也有调试功能,有时代码运行后结果与预想不同或代码报错时,需要诊断错误的原因和位置,进而改正程序中的错误,就需要用到代码调试。

同样地,为了方便查看调试结果,我们编写一个复杂点的 C 语言程序,输出 10 以内的非负偶数及其个数,如图 14.54 所示。

(1) 添加断点

我们点击行号,就可以为代码加上断点(本例将断点加在第七行),成功后你所点击的行号上会有一个红点。点击工具栏上的“调试”按钮(快捷键 F5),或点击菜单“运行”→“调试F5”即可开始调试,如图 14.55 所示。

图 14.54　编写代码

图 14.55　添加断点

（2）修改编译器配置方案

如果当前选定的编译器配置方案中不含有调试信息，Dev C++会弹出对话框提示没有调试信息，不能启动调试，如图 14.56 所示。

图 14.56　弹出提示对话框

请点击"Yes"按钮，然后重新选择带有"调试"的编译器配置方案，如图 14.57 所示，再重新进行编译和调试。

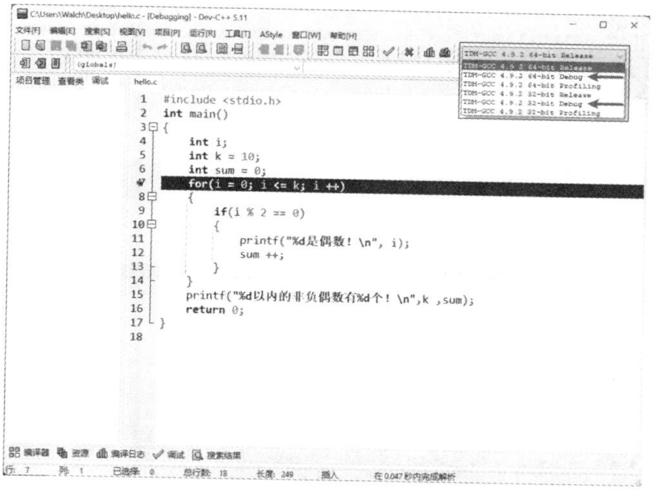

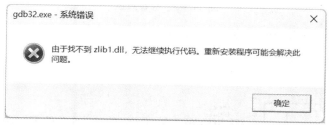

图 14.57　编译器配置方案

注意：在选择带有"调试"的编译器配置方案时，要注意操作系统位数，64 位的操作系统应该选择 64-bit 的调试编译器（一般 Windows 10 系统或 Windows 11 系统都为 64 位），否则会出现如图 14.58 提示的系统错误。

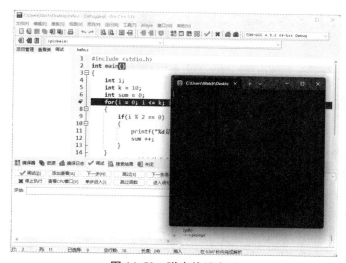

图 14.58　系统错误

选中编译器配置点击调试后，程序就开始运行，运行到程序中的第一断点的位置会暂停。此时通常会弹出一个终端窗口，终端窗口将实时显示每一行代码运行后的结果，如图 14.59 所示。

图 14.59　弹出终端窗口

（3）添加相应变量

同时，为了更好地观察变量的变化，可以点击"添加查看"添加相应的变量，如图 14.60
所示。

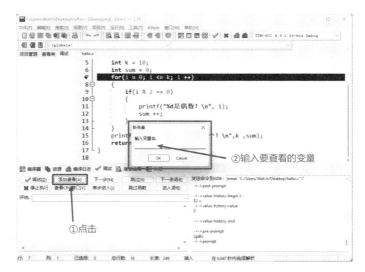

图 14.60　查看数量

添加完成后即可查看当前的变量值，如图 14.61 所示。

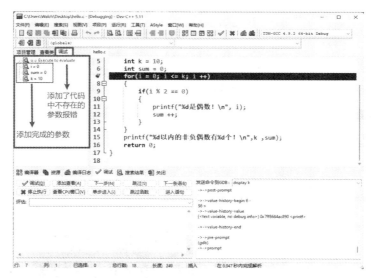

图 14.61　查看变量值

（4）运行下一句

点击操作框中的"下一步"，即可逐行地运行代码，同时在变量窗口可观察到变量值的变
化，如图 14.62 所示。

调试过程中有一些操作，其中重要的是"下一行"按钮（F7）和"单步进入"按钮（F8）。在
简单的只含有一个 main() 函数的程序中，这两个按钮的功能是相同的，没有区别。而在含
有多个自定义函数的程序中，这两个功能有较大的区别："下一步（F7）"是指把当前语句作为

一步执行完毕,而"单步进入(F8)"是指如果当前语句中含有函数调用则追踪进入到函数中去执行。

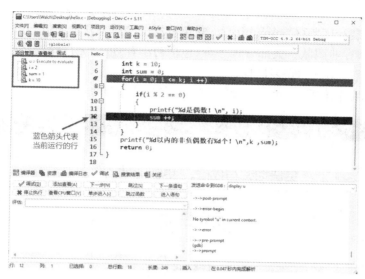

蓝色箭头代表当前运行的行

图 14.62　逐行运行代码

14.2.5　总结

在本书的基础部分,教大家编写的程序都是这样的"黑窗口(终端)",与我们平时使用的软件不同,它们没有漂亮的界面,没有复杂的功能,只能看到一些文字,这就是控制台程序(Console Application),它与 DOS 非常相似,早期的计算机程序都是这样的。

控制台程序虽然看起来枯燥无趣,但是它非常简单,适合入门,能够让大家学会编程的基本知识;只有夯实基本功,才能开发出健全的 GUI(Graphical User Interface,图形用户界面)程序,也就是带界面的程序。

14.3　Visual Studio 的安装与使用

本节将介绍的是功能强大、界面比较高级的商业软件 Visual Studio,它有助于我们更好地处理大型的、复杂的项目开发,同时提供更智能、便捷的编程界面,方便我们更轻松地熟悉和掌握 C 语言。

Visual Studio 是一款功能强大的开发人员工具,可用于在一个位置完成整个开发周期。它是一种全面的集成开发环境(IDE),可用于编写、编辑、调试和生成代码,然后部署应用。除了代码编辑和调试之外,Visual Studio 还包括编译器、代码完成工具、源代码管理、扩展和许多其他功能,以改进软件开发过程的每个阶段。

我们这次安装的版本为 Visual Studio 2022(VS 2022),是目前的最新版本。

14.3.1　Visual Studio 的安装

我们推荐安装社区版(Community)。它免费提供给单个开发人员、开放源代码项目、科研、教育以及小型专业团队。大部分程序员(包括初学者)可以无任何经济负担、合法地使用 VS 2022。下面就介绍它的安装过程。

(1)点击下载选择"Community 2022"版本,如图 14.63 所示。

图 14.63　下载 Community 2022 版本

下载完成后,得到 VisualStudioSetup.exe 文件,点击运行。

(2)待安装环境准备好后,会弹出如图 14.64 所示的窗口,点击"继续"。

图 14.64　继续安装

(3)除了支持 C/C++开发,VS 2022 还支持 C♯、F♯、Visual Basic 等编程语言,没有必要安装所有的组件。我们作为初学者学习 C/C++,只需要安装"使用 C++的桌面开发",设置相应安装路径,右侧的"安装详细信息"版块保持默认即可,如图 14.65 所示。

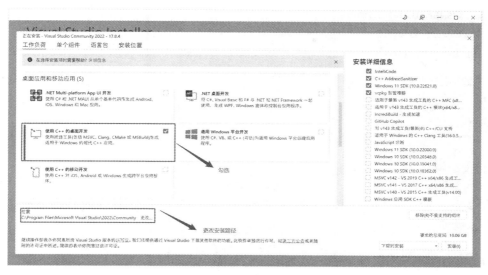

图 14.65　选择安装组件

（4）VS 2022 体积较大,不建议安装在系统盘（通常是 C 盘）,可以选择其他盘（如 D 盘,如图 14.66 所示）。

图 14.66　设置安装路径

（5）一切选择完成后,点击"安装"按钮开始安装。安装过程可能需要一段时间,请读者耐心等待,如图 14.67 所示。

（6）最后,点击"确定",安装成功,如图 14.68 所示。

（7）启动 Visual Studio,如图 14.69 所示。

图 14.67　等待安装

图 14.68　安装成功

图 14.69　点击启动

（8）然后选择"暂时跳过此项"，跳过登录过程，如图 14.70 所示。

图 14.70　跳过登录界面

（9）进行简单的开发与主题配置后，启动 VS，如图 14.71 所示。

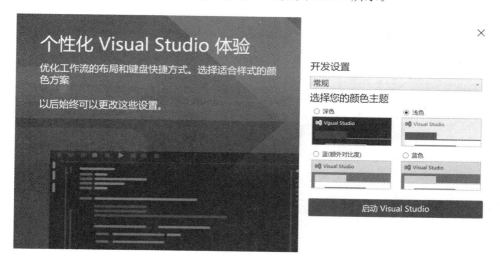

图 14.71　选择主题

14.3.2　使用 Visual Studio 创建新项目并编写代码

安装部分我们就介绍到这里。接下来，就是更加激动人心的编程实践了。准备好迈出这一步了吗？让我们继续前进，探索 C 语言编程的精彩世界吧！

（1）打开 VS 2022，可以看到如图 14.72 所示的界面，然后点击"创建新项目"按钮。

（2）然后选择"空项目"，创建一个空项目，如图 14.73 所示。

图 14.72　创建新项目

图 14.73　选择新项目

（3）接下来自定义项目的名称和存储位置，如图 14.74 所示。

这时，一个 C 语言项目的工程就创建好啦！我们可以在工程中编写多个 C 语言文件，以满足大型项目的需要，可以在"解决方案资源管理器"里看到整个项目。如图 14.75 所示。

（4）下面要新建源文件，需要选中"源文件"右击鼠标，在弹出的菜单中选择"添加"→"新建项"，如图 14.76 所示。

配置新项目

空项目　C++　Windows　控制台

项目名称(J)

Project1

位置(L)

D:\VSDocument

解决方案名称(M) ①

Project1

☐ 将解决方案和项目放在同一目录中(D)

项目 将在"D:\VSDocument\Project1\Project1\"中创建

上一步(B)　　创建(C)

图 14.74　设置项目路径

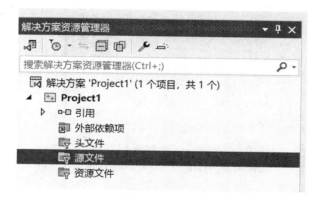

图 14.75　查看项目结构

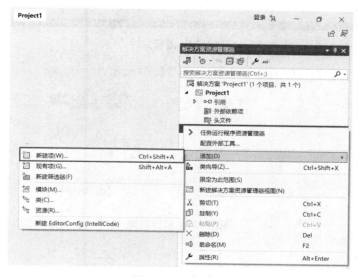

图 14.76　新建项

（5）然后，在弹出的窗口中填写源文件名称（后缀可为 cpp 或 c，当下是 C 语言，最后后缀名为.c），如图 14.77 所示。

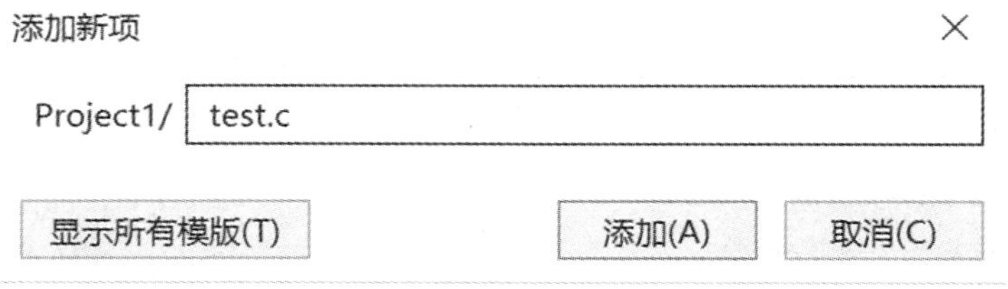

图 14.77　设置文件名称

（6）在代码编辑区编写相关 C 语言代码，点击"本地 Windows 调试器"，开始运行 test.c文件，如图 14.78 所示。

图 14.78　运行文件

（7）运行后，会看到程序的运行结果，如图 14.79 所示。

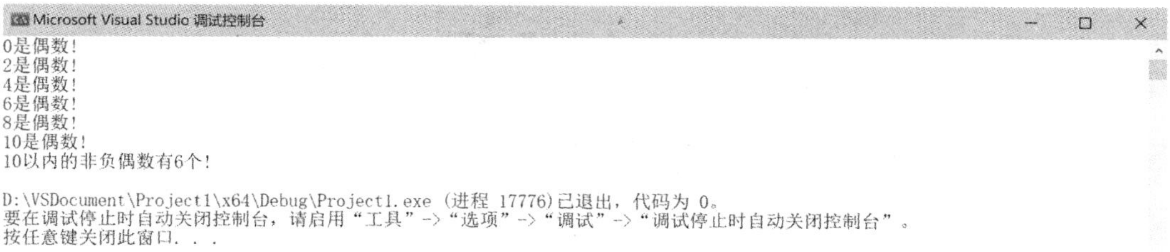

```
0是偶数!
2是偶数!
4是偶数!
6是偶数!
8是偶数!
10是偶数!
10以内的非负偶数有6个!

D:\VSDocument\Project1\x64\Debug\Project1.exe（进程 17776）已退出，代码为 0。
要在调试停止时自动关闭控制台，请启用"工具"->"选项"->"调试"->"调试停止时自动关闭控制台"。
按任意键关闭此窗口. . .
```

图 14.79　运行结果

14.3.3　调试

代码在调试过程中，可能运行的结果与预想的不同，也可能代码报错，我们想要找出错误的原因和位置，进而改正程序，该怎么做呢？一种方法是"人脑 Debug"，把自己当作编译器，一步一步运行，但是这种方法很费脑，那这时，就可以用到代码的调试功能。

调试可以逐行运行代码，并且实时查看每一个参数的值。为了方便演示调试的过程、查看调试结果，我们写一个复杂点的 C 语言代码，输出 10 以内的非负偶数及其个数，如图 14.80 所示。

1. 设置断点并启动调试器

要进行调试，需要在调试器附加到应用进程的情况下启动应用。若要实现此目的，最常见的方法是按 F5（"调试"→"开始调试"）。

但是，现在你可能没有设置任何断点来检查应用代码，因此我们首先设置断点再开始调试。断点是可靠调试的最基本和最重要的功能。断点指示 Visual Studio 应在哪个位置挂起你的运行代码，使你可以查看变量的值或内存的行为，或确定代码的分支是否运行。

若代码编辑器中打开了文件，则可通过单击代码行左侧的边缘来设置断点，如图 14.80 所示。

图 14.80　设置断点

按 F5（"调试"→"开始调试"）或调试工具栏中的"开始调试"按钮，调试器将运行至它遇到的第一个断点。如果应用尚未运行，则按 F5 会启动调试器并在第一个断点处停止，如图 14.81 所示。

2. 使用单步执行命令在调试器中逐步执行代码（逐语句）

要在附加了调试器的情况下启动应用，请按 F11（"调试"→"单步执行"）。F11 是"单步执行"命令，每按一次，应用就执行下一个语句。使用 F11 启动应用时，调试器会在执行的第一个语句上中断，等待用户的下一步操作，如图 14.82 所示。

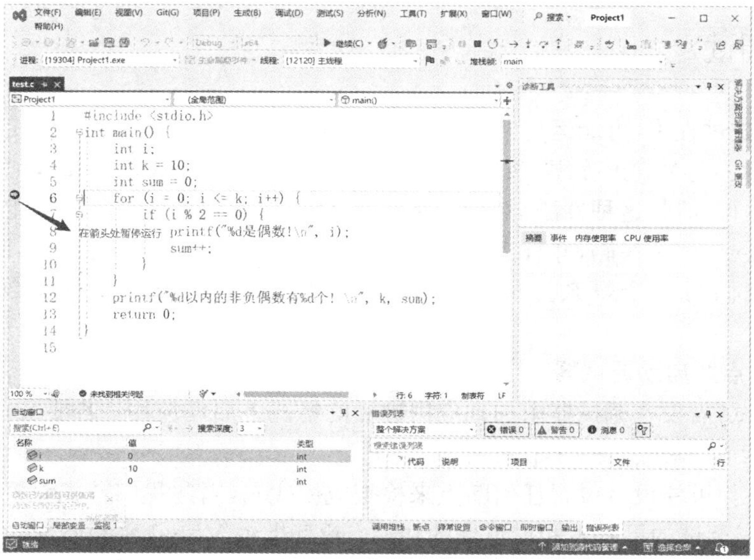

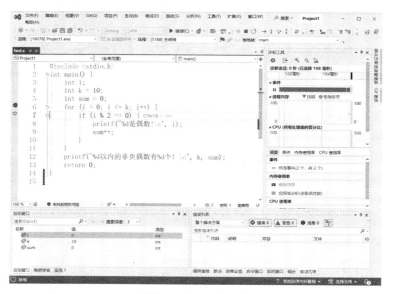

图 14.81   在断点箭头处暂停运行

图 14.82   逐步调试

箭头表示调试器暂停处的语句,它还在同一点上暂停应用执行(此语句尚未执行)。

3．单步跳过代码以跳过函数(逐过程)

如果所在的代码行是函数或方法调用,则可以按 F10("调试"→"单步跳过"),而不是按 F11。按 F10 将使调试器前进,但不会单步执行应用代码中的函数或方法(代码仍将执行)。

按 F10 可跳过你不感兴趣的代码,这样就可以快速转到你更感兴趣的代码,如图 14.83 所示。

4．通过监视窗口查看相应变量值

在程序窗口下方有变量监视窗口,在这里可以实时查看程序中各变量的值,如图 14.84 所示。

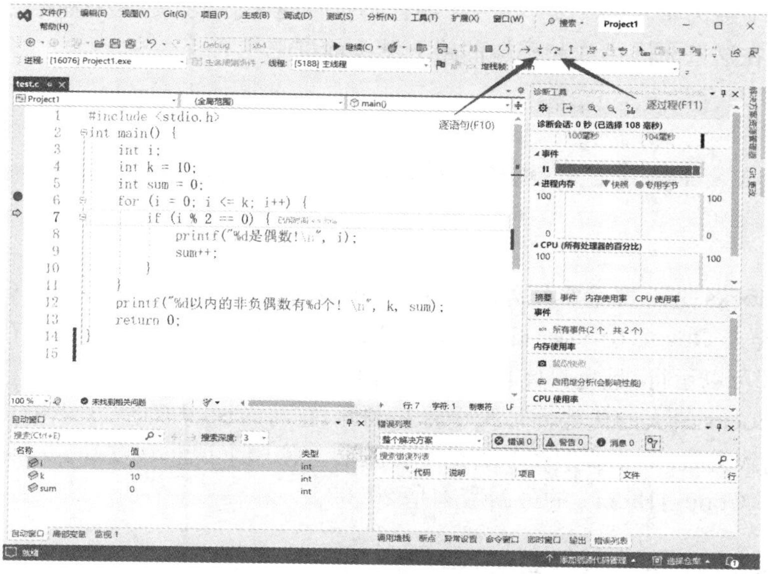

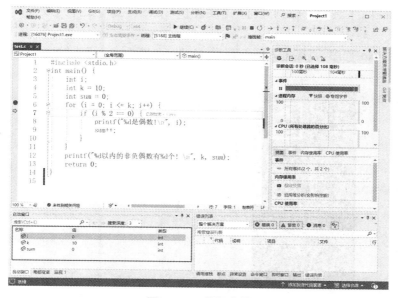

图 14.83　逐语句和逐过程

图 14.84　监视变量

14.3.4　总结

使用 VS 2022 运行 C 语言程序，要经历"新建项目"→"新建源文件"→"编写 C 语言程序"共 3 个过程，如果想详细了解程序运行过程或者在程序出现错误时排查错误，还需要调试的过程。

跟随本书操作 VS 2022，我们学会了如何编写代码，如何将代码生成可执行程序，如何调试程序，这是一个完整的体验。通过这次经历，希望你不仅能掌握 VS 2022 的使用，更能在编程的道路上迈出坚实的一步。记住，编程不仅仅是写代码，更是一种思考、解决问题的方式。让我们在这条充满挑战和乐趣的路上继续前进吧！

14.4　Code∶∶Blocks 的安装与使用

Code∶∶Blocks 是一款免费开源的 C/C++ IDE 工具，支持 GCC、MSVC++ 等多种编译器，还可以导入 Dev-C++ 的项目。Code∶∶Blocks(CB)的优点是跨平台，在 Linux、Mac、Windows 上都可以运行，且自身体积小，安装非常方便。

Code∶∶Blocks 最大的优势便是跨平台和开源，它与 Visual C++6.0 和 Dev-C++ 一样都属于小巧精致类型，对于我们初学者的下载安装与使用来说非常友好。

截至目前，Code∶∶Blocks 的最新版本是 20.03。

14.4.1　Code∶∶Blocks 的安装

Code∶∶Blocks 下载完成后会得到一个安装包(.exe 可执行文件)，双击该文件即可开始安装。

（1）双击 .exe 程序，直接进入安装程序，如图 14.85 所示，点击"Next"按钮。

图 14.85　开始安装

（2）选择 I Agree，同意 Code∶∶Blocks 的各项条款，如图 14.86 所示。

（3）选择要安装的"组建"。这里安装程序默认是 Full 即全部安装，我们再点击"Next"下一步，如图 14.87 所示。

（4）进入路径设置界面，选择 CB 安装路径，注意安装路径中不要包含中文，点击"Install"按钮，如图 14.88 所示。

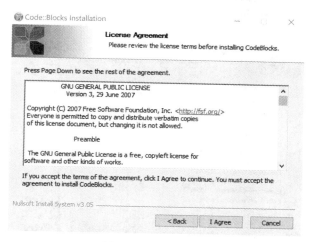

图 14.86　同意条款

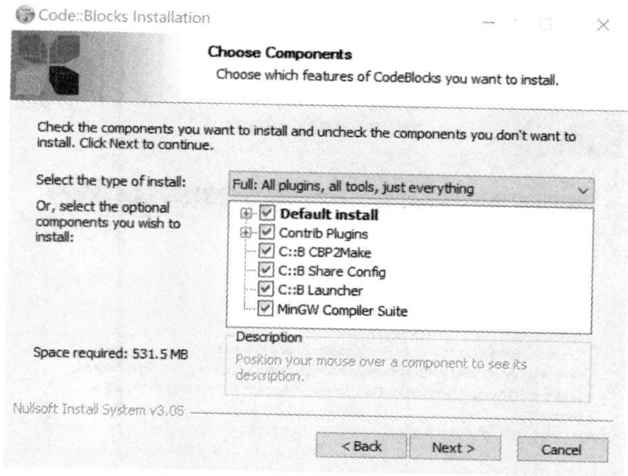

图 14.87　全部安装

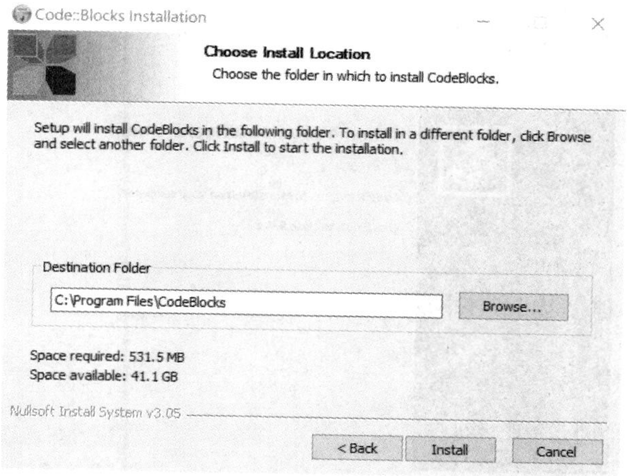

图 14.88　设置安装路径

（5）进入等待安装过程界面，如图 14.89 所示。

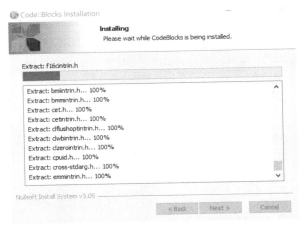

图 14.89　等待安装

安装完成后，点击"Next"按钮即可，如图 14.90 所示。

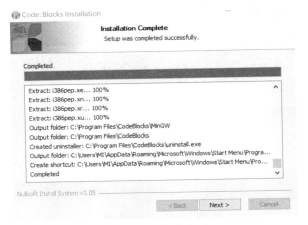

图 14.90　安装完成

（6）安装完成，点击"Finish"按钮即可，如图 14.91 所示。

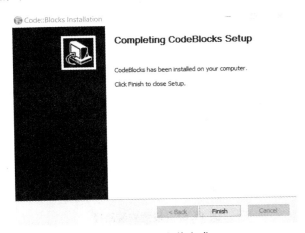

图 14.91　安装完成

14.4.2　使用 Code::Blocks 编写 C 语言代码

安装完成,接下来是运用工具来编写 C 程序,CB 完全支持单个源文件的编译,如果你的程序只有一个源文件(初学者基本上都是在单个源文件下编写代码),那么不用创建项目,直接运行即可;如果有多个源文件,才需要创建项目。

(1)创建源文件

打开 CodeBlocks,在上方菜单栏中选择"File"→"New"→"Empty File",如图 14.92 所示.

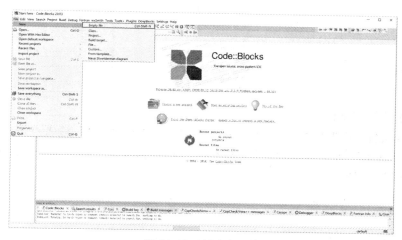

图 14.92　创建空文件

或者直接按下"Ctrl + Shift + N"组合键,系统都会新建一个空白的源文件,如图 14.93 所示。

图 14.93　创建完成

(2)编写程序代码

在空白源文件中输入要编写的代码,输入完程序代码,我们会发现左上方显示 "Untitled1.c"表示源文件未保存,如图 14.94 所示。

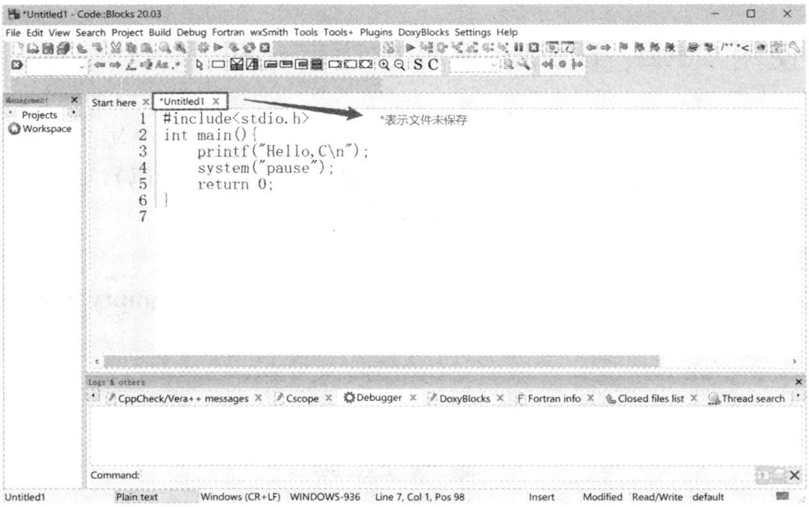

图 14.94　输入源代码

（3）保存 C 语言文件

要保存源文件,需要在上方菜单栏中选择"文件"→"保存文件",或者点击快捷图标保存按钮,或者按下 Ctrl＋S 组合键,都可以保存源文件,在保存文件的窗口中,文件扩展名务必写为.c,如图 14.95 所示。

图 14.95　保存文件

注意:保存时,将源文件后缀名改为 .c。

（4）生成可执行程序

源文件保存后,要执行文件我们还要对文件进行编译和链接,在上方菜单栏中选择"Build"→"Build",或者按下快捷键"Ctrl＋F9"组合键,可以完成 hello.c 的编译工作,如图 14.96 所示。

如果代码没有错误,CodeBlocks 会在下方的"构建信息"窗口中看到编译成功的提示,如图 14.97 所示。

编译完成后,打开源文件所在的目录（本教程是 D:\新建文件夹\）,会看到多了两个文件:

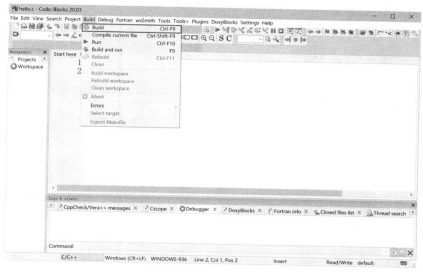

图 14.96　进行编译

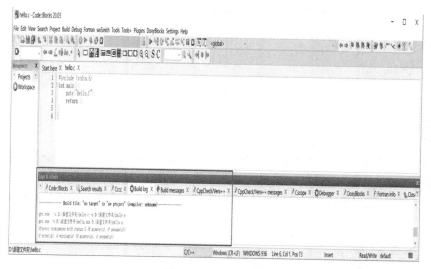

图 14.97　编译通过

hello.o 文件：这是编译过程产生的中间文件，我们把这种文件叫作目标文件（Object File）。

hello.exe 文件：是我们最终需要的可执行文件。CodeBlocks 在编译过程就会生成此文件，以便在运行时直接调用此文件。

这说明，CodeBlocks 在编译阶段整合了"编译 + 链接"的过程。

然后双击 hello.exe 运行，令人惊讶的是并没有看到"Hello,C"几个字，而是会看到一个"边框"一闪而过。原来程序输出"Hello,C"后就运行结束了，窗口自动关闭了，输出时间非常短暂，所以看不到输出结果。

怎样才能让我们看到"Hello,C"呢？具体做法为我们在图 14.97 中指定位置添加 system("pause");语句，如图 14.98 所示。作用就是让程序暂停一下。注意开头部分还添加 #include〈stdlib.h〉语句，否则 system("pause");无效。

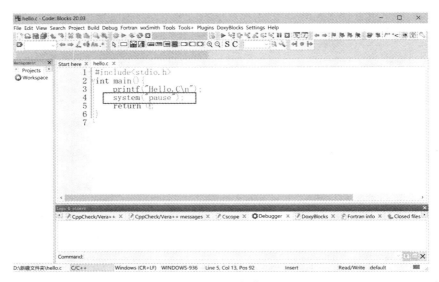

图 14.98 添加代码

再次编译、运行生成的 hello.exe，这次可成功看到输出结果，如图 14.99 所示。

图 14.99 运行结果

按下键盘上的任意一个键，程序就会关闭。

（5）另一种编译运行方式

实际开发中我们一般使用菜单中的"Build→Build and run"即"构建"→"构建并运行"选项，或者直接按下 F9 键，这样能够一键完成"编译→链接→运行"的全过程，如图 14.100 所示。这样做的好处是，编译器会让程序自动暂停，我们也不用再添加"system（"pause"）"语句。

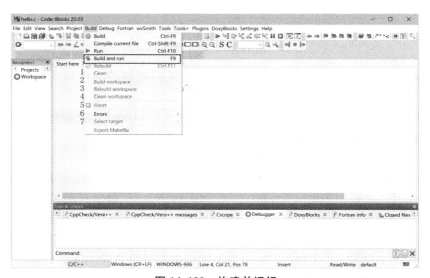

图 14.100 构建并运行

删除上面代码中的"system("pause")"语句,按下 F9 再次运行程序,结果如图 14.99 所示。

14.4.3　调试

有时代码运行后结果与预想不同或代码报错,这时需要诊断错误的原因和位置,进而改正程序中的错误,就需要用到代码调试。

这里我们要注意:CodeBlocks 调试器需要一个完整的项目才可以启动,单独的文件无法使用调试器。所以,应该新建一个项目,在项目中找到 main.c 文件,然后编写以下代码。

(1)添加断点

在此我们仍选用稍微复杂一些的程序,输出 10 以内的非负偶数及其个数,在程序第 6 行为代码加上断点,如图 14.101 所示。

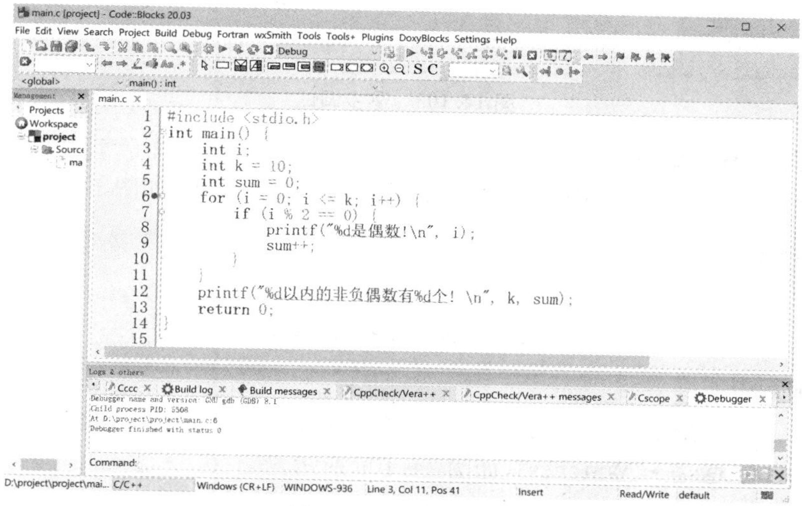

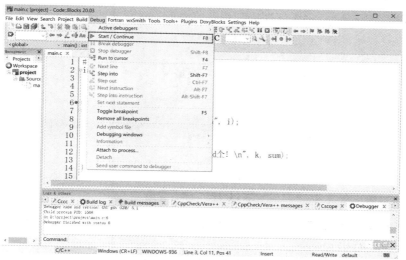

图 14.101　添加断点

点击菜单"Debug"→"Start/Continue"即可开始调试,然后点击图中的菜单栏快捷键"Step Into"开始单击调试,如图 14.102 和图 14.103 所示。

图 14.102　开始调试

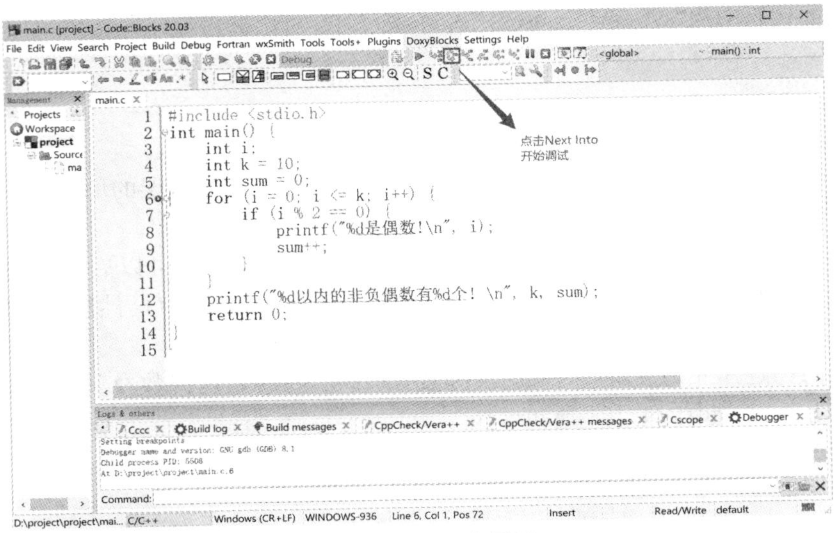

图 14.103　逐步调试

点击调试后,程序就开始运行,运行到程序中的第一断点的位置就暂停。此时通常会弹出一个终端窗口,终端将会实时地显示每一行代码运行后的结果,如图 14.104 所示。

图 14.104　逐步运行结果

(2) 添加相应变量

同时,为了更好地观察变量值的变化,可以在监视窗口添加查看相应的变量,点击"Debugging windows"→"Watches",如图 14.105 所示。

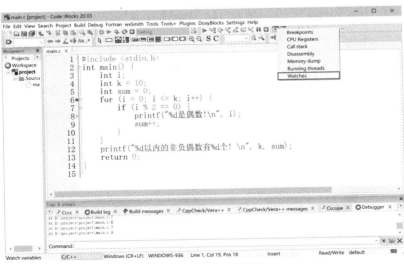

图 14.105　查看变量

在 Watches 窗口添加变量完成后,即可查看当前的变量值,如图 14.106 所示。

(3) 运行下一行语句

调试过程中,我们逐条语句地运行代码按钮,为此可以点击操作框中的"Next line",同时可观察到变量值的变化，如图 14.107 所示。

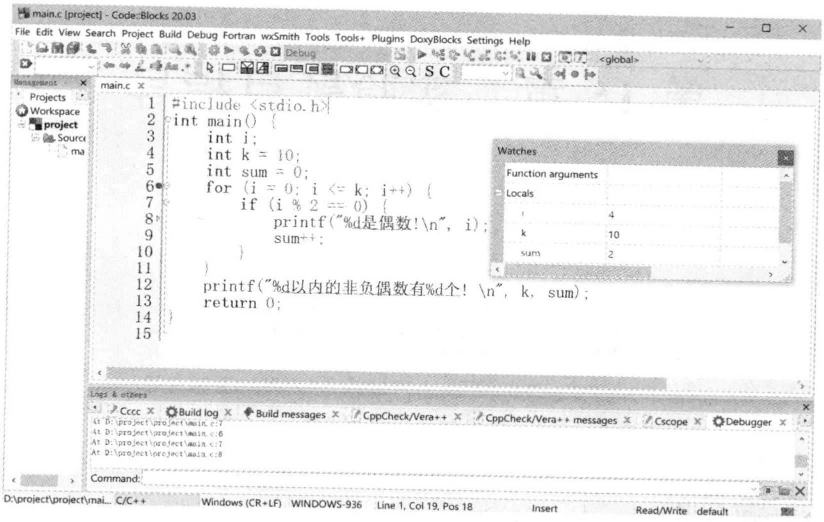

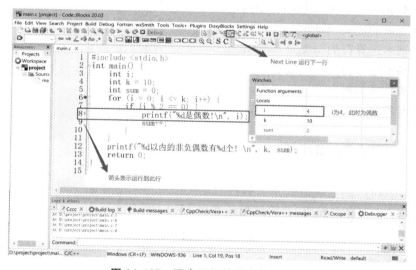

图 14.106　观察变量的变化

图 14.107　逐步运行并观察变量变化

14.4.4　总结

以上是我们 CB 运行环境的安装和调试部分，输出结果调用的是控制台程序（Console Application），它没有漂亮的界面，它与 DOS 非常相似，早期的计算机程序都是这样的。

控制台程序虽然看起来枯燥无趣，但是它非常简单，适合入门，能够帮助大家编写程序、练习调试代码；只有夯实基本功，才能开发出健全的 GUI（Graphical User Interface，图形用户界面）程序。

Code∷Blocks 既不像 Visual C++ 6.0 那么简单，也不像 Visual Studio 那样复杂，很适合我们初学者作为练习编程的工具。

第 15 章　实验题目指导

15.1　C 数据类型和表达式

15.1.1　实验目的

1. 掌握 C 语言各种基本数据类型的定义和表示方法。
2. 掌握变量的定义、赋值方法。
3. 掌握基本运算符的功能及其应用。
4. 掌握基本运算符的优先级和结合性。
5. 掌握表达式的概念及运算规则。
6. 掌握常用数据类型的转换规则。

15.1.2　实验内容和步骤

1. 利用 sizeof() 函数求出 C 语言各种数据类型所占用的存储空间大小,将编写的源程序以文件名 ex2_1.c 命名保存,并将结果填在表 15.1 内。

表 15.1　数据类型

数据类型	长度(字节)	数据类型	长度(字节)
char		longlong	
int		float	
unsigned　int		double	
short		long double	
long			

2. 请给以下程序每一行代码都添加注释,说明作用及每个变量的类型,同时编译运行程序,对结果进行分析,源程序以文件名 ex2_2.c 命名保存。

```
#include <stdio.h>
#define PRICE 10.5
int main()
```

```
    {
        int   num = 2;
        float total;
        total = num * PRICE;
        printf("total = %f, \n",total);
        return 0;
    }
```

3. 请运行下列程序,并对程序的结果进行分析说明,将过程描写清楚。同时程序每一行代码均需添加注释,说明作用及每个变量的类型。源程序以文件名 ex2_3.c 命名保存。

```
#include <stdio.h>
int main( )
{
        int x,y,z;
        x = y = z = -1;
        ++x&&++y||++z;
        printf("x = %d\ty = %d\tz = %d\n",x,y,z);
        / * "\t"为按横向跳格格式输出 * /
        x = y = z = -1;
        ++x||++y&&++z;
        printf("x = %d\ty = %d\tz = %d\n",x,y,z);
        x = y = z = -1;
        ++x&&++y&&++z;
        printf("x = %d\ty = %d\tz = %d\n",x,y,z);
        return 0;
}
```

4. 输入并运行以下程序,分析程序的运行结果,将过程描写清楚。同时给关键代码行添加注释。源程序以文件名 ex2_4.c 命名保存。

```
#include <stdio.h>
int main( )
{
        int x,y;
        floata,b;
        a = 126.234;
        b = 78.64;
        x = (int)(a + b);
        y = (int)a + (int)b;
        printf("x = %d y = %d\n",x,y);
        return 0;
}
```

15.2　简单的 C 程序设计

15.2.1　实验目的

1. 掌握 C 语言数据类型,了解字符型数据和整型数据的内在关系。
2. 掌握对各种数值型数据的正确输入方法。
3. 学会使用 C 的有关算术运算符,以及包含这些运算符的表达式,特别是自加(+ +)和自减(− −)运算符的使用。
4. 学会编写和运行简单的应用程序。
5. 进一步熟悉 C 程序的编辑、编译、连接和运行的过程。

15.2.2　实验内容和步骤

1. 输入并运行下列程序:

```
#include〈stdio.h〉
int main()
{
    char c1,c2;
    c1=97;
    c2=98;
    printf("%c %c\n"c1,c2);
    printf("%d %d\n",c1,c2);
    return 0;
}
```

(1) 运行以上程序,分析为什么会输出这些信息。

(2) 如果将程序第 4,5 行改为

```
c1=197;
c2=198;
```

运行时会输出什么信息? 为什么?

(3) 如果将程序第 3 行改为

```
int c1,c2;
```

运行时会输出什么信息? 为什么?

2. 用下面的 scanf 函数输入数据,使 a=3,b=7,x=8.5,y=71.82,c1='A',c2='a'. 请问在键盘上如何输入? 请从下面①～⑧中的输入方式中选择正确的输入方式序号(箭头↙代表回车键 Enter)。

```
#include〈stdio. h〉
```

```
int main()
{
    int a,b; .
    float x,y;
    char c1,c2;
    scanf("a=%db=%d" , &a,&b);
    scanf("%f%e" ,&x, &y);
    scanf("%c%c",&c1,&c2);
    printf("a=%d,b=%d",a,b);
    printf("x=%f,y=%f",x,y);
    printf("c1=%c,c2=%c",c1,c2);
    return 0;
}
```

运行时分别按以下方式输入数据,观察输出结果,分析原因:

① a=3,b=7,x=.8.5,y=71. 82,A,a↙

② a=3b=7 x=8.5y=71.82 Aa↙

③ a=3 b=78.5 71.82 Aa↙

④ a=3b=7 8.5 71.82Aa↙

⑤ 3 7 8.5 71.82Aa↙

⑥ a=3 b=7↙
　8.5 71.82↙
　A↙
　a↙

⑦ a=3 b=7↙
　8.5 71.82↙
　Aa↙

⑧ a=3b=7↙
　8.5 71.82Aa↙

通过此题,总结输入数据的规律和容易出错的地方。

3. 编写小程序:

某住宅楼共 120 户,若每户按 4 人计,生活用水定额取 200 L/(人·d),小时变化系数为 2.5,用水时间为 24 h,每户设置的卫生器具当量数为 8,求最大用水时卫生器具给水当量平均出流概率 U_0。$U_0 = (q_0 \times m \times K_h)/(0.2 \times N_g \times T \times 3600) \times 100\%$,其中 K_h 为 2.5,q_0 为 200,m 是人数,N_g 为卫生器具数,T 为小时数(要求人数和用水时间可以由用户自己输入),求平均出流概率 U_0,要求以百分数形式输出,小数点后保留 3 位小数。

4. 编写小程序:

设计一个算法,尝试将一个登录界面的密码进行加密,如:输入的数字 1 转成字符 A,输入的如果是数字 2,将输出字符 B。

5. 编写小程序:

某建筑按规范要求,室内消火栓、室外消火栓及自动喷水灭火系统的用水量分别为

20 L/S、20 L/S、27 L/S,消火栓系统和自喷系统的火灾延续时间分别为 2 h 及 1 h,设置地下消防水池存贮所有消防水量,求消防水池最小有效容积(输出保留 1 位小数)。示范公式如下:

$$V = (Q_x T_x + Q_z T_z) \times 3.6$$
$$= (40 \times 2 + 27 \times 1) \times 3.6 = 385.2(\text{m}^3)$$

15.3　选择结构程序设计

15.3.1　实验目的

1. 了解 C 语言表示逻辑量的方法(以 0 代表"假",以非 0 代表"真")。
2. 学会正确使用逻辑运算符和逻辑表达式。
3. 熟练掌握 if 语句的使用(包括 if 语句的嵌套)。
4. 熟练掌握多分支选择语句——switch 语句。
5. 结合程序掌握一些简单的算法。
6. 进一步学习调试程序的方法。

15.3.2　实验内容和步骤

本实验要求事先编好解决下面问题的程序,然后上机输入程序并调试运行程序。

1. 有一函数:

$$y = \begin{cases} x & (x < 1) \\ 2x - 1 & (1 \leqslant x < 10) \\ 3x - 11 & (x \geqslant 10) \end{cases}$$

写程序,输入 x 的值,输出 y 相应的值。用 scanf 函数输入 x 的值,求 y 值。

运行程序,输入 x 的值(分别为 $x < 1$、$1 \leqslant x < 10$、$x \geqslant 10$ 这 3 种情况),检查输出的 y 值是否正确。

2. 个人所得税,应纳税款的计算公式如表 15.2 所示。

表 15.2

收　　　　入	税率
收入≤1000 元部分	0%
1000 元<收入≤2000 元的部分	5%
2000 元<收入≤4000 元的部分	10%
4000 元<收入≤6000 元的部分	15%
收入>6000 元的部分	20%

输入某人的收入,计算出应纳税额及实际得到的报酬(请使用 if 和 switch 两种方法)。

3. 电文加密的算法是:将字母 A 变成字母 G,a 变成 g,B 变成 H,b 变成 h,依此类推,并且 U 变成 A,V 变成 B,等等。从键盘输入一个电文字符,输出其相应的字母密码。

4. 输入一元二次方程的二次项系数 a,一次项系数 b 和常数项 c,若有实根时,计算并输出方程的根,否则输出"无实根"。

一元二次方程求根公式:

$$x = \frac{-b \pm \sqrt{b^2 - 4ac}}{2a}$$

(要求使用选择结构实现)。

5. 已知 2024 年是中国的龙年,请使用 if 与 switch 结构结合编写程序实现以下功能:输入公元纪年的任意年份,得到该年份所属的生肖。

15.4　循环结构程序设计

15.4.1　实验目的

1. 熟悉掌握用 while 语句,do-while 语句和 for 语句实现循环的方法。
2. 掌握在程序设计中用循环的方法实现一些常用算法(如穷举、迭代、递推等)。
3. 进一步学习调试程序。

15.4.2　实验内容和步骤

本实验要求事先编好解决下面问题的程序,然后上机输入程序并调试运行程序。

1. 输入一个正整数 N,要求打印出斐波那契数列的前 N 项。

2. 输入一个奇数 n,输出一个由构成的 n 阶实心菱形。

输入格式:一个奇数 n;

输出格式:输出一个由 * 构成的 n 阶实心菱形。具体格式参照输出样例。

数据范围:$1 < n \leqslant 99$。

输入样例:

5

输出样例:

```
  *
 ***
*****
 ***
  *
```

3.(金融应用程序:复利值)假设你每月存 100 元到一个年利率为 5% 的储蓄账户。因此,月利率是 $0.05/12 = 0.00417$。

第一个月后,账户里的数目变为

$$100(1 + 0.00417) = 100.417$$

第二个月后,账户里的数目变为

$$(100 + 100.417)(1 + 0.00417) = 201.252$$

第三个月后,账户里的数目变为

$$(100 + 201.252)(1 + 0.00417) = 302.507$$

依此类推,编写一个程序,提示用户输入每月存款数,然后显示 n 个月后的账户总额。

15.5　函　　数

15.5.1　实验目的

1. 熟悉定义函数的方法。
2. 熟悉声明函数的方法。
3. 熟悉调用函数时实参与形参的对应关系,以及"值传递"的方式。
4. 熟悉全局变量和局部变量的概念和用法。

15.5.2　实验内容和步骤

1. 写一个判别素数的函数,在主函数输入一个整数,输出是否素数的信息。

本程序应当准备以下测试数据:17,34,2,1,0。分别运行并检查结果是否正确。要求所编写的程序,主函数的位置在其他函数之前,在主函数中对其所调用的函数作声明。进行以下工作:

① 输入自己编写的程序,编译和运行程序,分析结果。

② 将主函数的函数声明删掉,再进行编译,分析编译结果。

③ 把主函数的位置改为在其他函数之后,在主函数中不含函数声明。

④ 保留判别素数的函数,修改主函数,要求实现输出 100～200 之间的素数。

2. 写一个递归函数 digitsum(n),输入一个非负整数,返回组成它的数字之和。

例如,调用 digitsum(1729),则返回 $1 + 7 + 2 + 9 = 19$。

3. 写两个函数,分别求两个整数的最大公约数和最小公倍数。在主函数中输入两个整数,分别调用这两个函数,并输出结果。两个整数由键盘输入。

15.6　数　　组

15.6.1　实验目的

1. 掌握一维数组和二维数组的定义、赋值和输入输出的方法。
2. 掌握字符数组和字符串函数的使用。
3. 掌握与数组有关的算法(特别是排序算法)。

15.6.2　实验内容和步骤

本实验要求事先编好解决下面问题的程序,然后上机输入程序并调试运行程序。

1. 用选择法对 10 个整数排序,要求 10 个整数用 scanf 函数输入,同时将排序后的结果输出。

2. 有一篇文章,共有 3 行文字,每行有 80 个字符。要求分别统计出其中英文大写字母、小写字母、数字、空格以及其他字符的个数。

3. 表 15.3 是某某公司的人员的工资简表,请根据表中内容建立数组(数组至少是 5 名成员记录),并对数组进行初始化,计算出相应的实发工资并输出。

表 15.3　工资简表　　　　　　　　　　　(单位:元)

工资号	部门号	姓名代码	基本工资	补助	扣社保	其他扣款	住房公积金	实发工资
000	11	07001	4000	1000	300	50	1300	
001	12	07002	4000	1000	300	50	1300	
002	21	07003	5000	1200	350	60	1600	
003	22	07004	4500	1100	320	40	1400	
004	22	07005	4500	1100	320	40	1400	

4. 某班级有 35 名同学,C 语言课程的平时成绩和期末成绩分别存储在数组 a 和 b 中,请计算总评成绩,并存储在数组 c 中。总评成绩 = 平时成绩×30% + 期末成绩×70%,统计并输出总评成绩及格(≥60)人数和不及格(<60)人数。

平时成绩和期末成绩数组测试用例如下:

/* 平时成绩 */

　　int a[35] = {78,79,76,83,87,83,89,94,65,34,65,78,64,84,67,22,95,93,
　　　　　　　　86,85,87,88,98,95,73,82,87,56,87,23,78,94,68,76,80};

/* 期末成绩 */

　　intb[35] = {65,86,26,65,75,78,56,84,85,61,74,69,33,78,76,63,88,95,
　　　　　　　　82,89,97,78,66,83,85,72,91,54,78,70,78,89,56,67,73};

5. 某高校将举办秋季运动会,请编程实现按参赛学院的名称首字母在字典中的拼音顺序,对参赛学院的入场次序进行排序。假定参赛学院不超过 20 个。

15.7　指针的应用

15.7.1　实验目的

1. 能够利用指针运算,懂得如何通过指针引用变量。
2. 能够用指针作为函数参数进行地址传递。
3. 能够通过指针来引用一维数组以及二维数组。
4. 能够结合建筑、项目预算、给排水等行业实际的存储方案,定义指针变量、结合数组和函数参数的传递解决实际问题。

15.7.2　实验内容及步骤

1. 完成一个建筑项目的产品规划方案,需要用数组定义建筑材料的编号、定价、年设计产量和产值以及年消耗量。设计函数,利用指针实现:
① 定价的排序。
② 年设计产量的总和。
③ 找到年消耗量最大的材料名称。
2. 完成一个建设投资估算,其中有三项费用:工程费用、其他费用、预备费用,每一项可能包含建筑工程费用、设备购置费、安装工程费和其他费用。定义项目编号(无须定义项目名称,用长整型定义编号即可)和各项费用变量,定义三个数组存储三项费用,设计 2 个函数,利用指针作为函数参数,实现:
① 计算每个项目的估算价格。
② 找出项目预算最高的项目。
参考表格如表 15.4 所示。

表 15.4　某项目建设投资估算表　　　　　　　　　(单位:万元)

项目	建筑工程费	设备购置费	安装工程费	其他费用	合计
工程费用	2202.05	2140.87	147.81	746.56	5237.29
其他费用	0	100.2	0	449.74	549.94
预备费用	10.05	0	67.91	79.81	157.77

15.8　结构体与共用体

15.8.1　实验目的

1. 能够根据实际问题定义结构体类型变量和使用结构体类型变量。
2. 能够根据实际问题定义结构体类型数组和应用。
3. 熟悉并掌握共用体的概念与使用。

15.8.2　实验内容和步骤

本实验要求事先编好解决下面问题的程序,然后上机输入程序并调试运行程序。

1. 每个学生有三门课程:A、B、C,4 名学生的成绩如表 15.5 所示。

表 15.5　学生成绩

学号	姓名	高等数学	英语	程序设计基础	平均分
001	张三	78	89	85	
002	李四	87	88	93	
003	王二麻	79	86	92	
004	王五	94	90	96	

要求用函数 input 函数实现从键盘输入 4 名学生数据;请用一个 average 函数实现每个同学三门课程平均成绩;用 Max 函数实现程序设计基础最高分的学生数据,并输出最高分学生的学号、姓名和三门课成绩。

2. 表 15.6 为截至目前为止统计的几组公司的财务数据,包括资产、负债、利润、是否经营等,请分析这些数据编写程序,分别用函数 highestProfitCompany 求利润最高公司,用函数 AverageAssets 求平均负债,用函数 NoActive 输出已不再经营的公司名称,并输出结果。

表 15.6　财务数据

创建日期	公司名称	资产	负债	利润	目前是否经营	
					是 1	否 0
2021-01-01	公司 A	100000	50000	20000	1	
2021-02-01	公司 B	150000	70000	30000	0	
2021-03-01	公司 C	200000	80000	40000	1	
2021-04-01	公司 D	250000	90000	50000	1	
2021-05-01	公司 E	300000	120000	60000	0	

习 题 解 答

习题 1.2 解答

1.2.1　基础题
1～6：A、A、C、B、C、C。

1.2.2　提高题
1. 编辑、编译、链接、运行。
2. 编译、链接、运行、逻辑。

1.2.3　拓展题
1. 如图 1 所示。

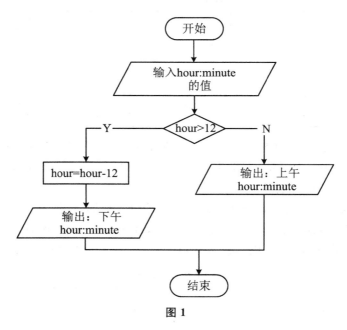

图 1

2～4. 略。

习题 2.2 解答

2.2.1　基础题
1～5：B、C、B、D、A；6～10：B、C、C、A、D。

2.2.2 提高题

1.（1）math.h;（2）float。

本题解题要点：本题主要考查两点，一是考查库函数，C语言为用户提供了库函数，一些实现特定功能的代码封装成一个个函数，方便用户使用，用户在使用某个函数时只需要知道它在哪个库函数中，然后在自己程序的开始添加相应的头文件。本题使用 pow 函数，所以需要引入 math.h 头文件。二是考查变量类型，当是%f 输入时，表明变量是 float 类型。

运行结果为图2所示。

```
#include〈stdio.h〉
#include〈math.h〉
int main( )
{
    float r,v;                    //定义浮点型变量r、v
    scanf("%f",&r);               //输入 r
    v=4*3.14*pow(r,3)/3;          //计算 v 的值，这里使用了库函数 pow
    printf("v=%f\n",v);           //输出 v 的值
    return 0;
}
```

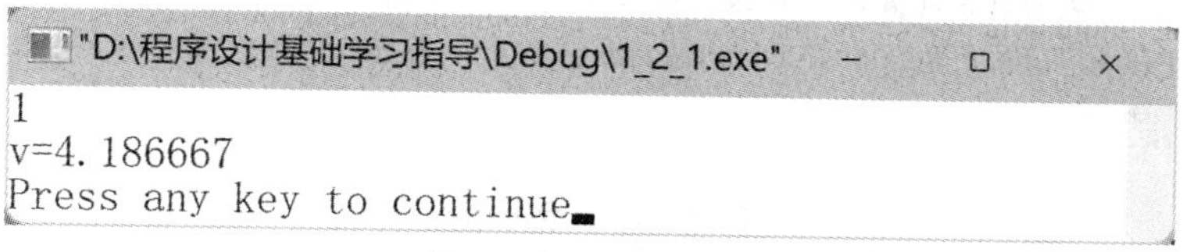

```
"D:\程序设计基础学习指导\Debug\1_2_1.exe"    -    □    ×
1
v=4.186667
Press any key to continue
```

图2　程序运行结果

2. B。

本题解题要点：本题主要考查在赋值运算表达式的值，在 printf 函数中输出的是表达式的值。

对应的程序如下，结果如图3所示。

```
#include〈stdio.h〉
int main( )
{
    int a=12,b=12;                //定义整型变量a,b,同时赋值
    printf("%d %d\n",a-1,b+1);    //输出 a-1,b+1 的值，中间以空格隔开
    return 0;
}
```

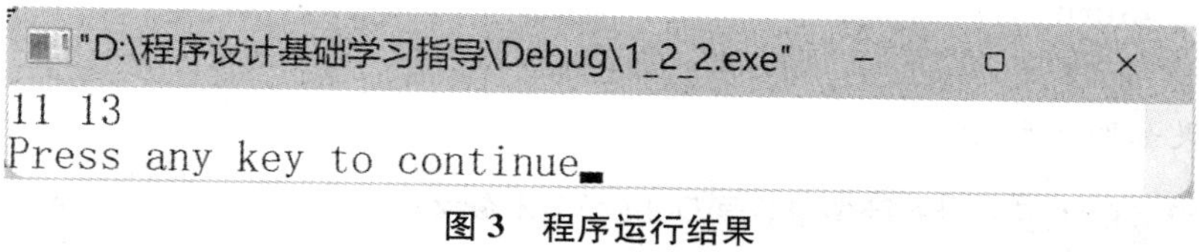

```
"D:\程序设计基础学习指导\Debug\1_2_2.exe"    -    □    ×
11 13
Press any key to continue
```

图3　程序运行结果

3.（1）a=b;（2）b=t。

本题解题要点：变量是编译器为根据其类型来分配在内存内存单位，利用 scanf 函数输

入的过程就是将对应的值赋给变量的过程,如将 88 赋给 a,66 赋给 b,如果 a,b 的值需要交换,则不能直接使用 a＝b;b＝a;来完成,因为当执行 a＝b;语句时,根据赋值语句的定义可知此时 a 存储单元的值被替换成 b 了,再执行 b＝a;则使得 a,b 两个存储单元的值都是 b 的值,所以当两个变量或者存储单元的值需要交换时均需借助第三个变量进行。

运行结果如图 4 所示。

```c
#include <stdio.h>
int main()
{
    int a,b,t;                  //定义整型变量a,b,t
    scanf("%d%d",&a,&b);        //输入a,b的值
    t=a;                        //借用中间变量t,a、b的值进行交换
    a=b;
    b=t;
    printf("%d %d\n",a,b);      //输出a,b的值,中间以空格隔开
    return 0;
}
```

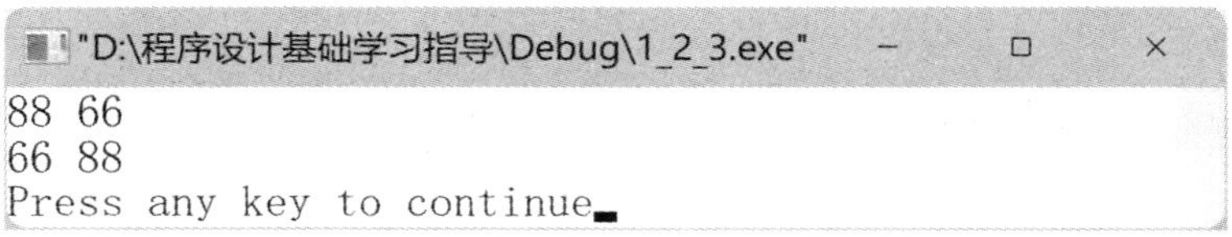

```
■ "D:\程序设计基础学习指导\Debug\1_2_3.exe"   —   □   ×
88  66
66  88
Press any key to continue_
```

图 4　程序运行结果

4. 6。

本题解题要点:本题主要考查"标识符"为所定义的宏名。#define 的部分运行效果类似于 word 中的 ctrl＋F 替换,这里 A 用 4 替换,B(x)用 A＊x/2 替换,这样就可以得到结果为 6。

```c
#include <stdio.h>
#define A 4
#define B(x) A*x/2
int main()
{
    intc,a=3;                   //定义整型变量c,a,同时给a赋值
    c=B(a);                     //使用宏定义
    printf("%d\n",c);           //输出c
    return 0;
}
```

运行结果如图 5 所示。

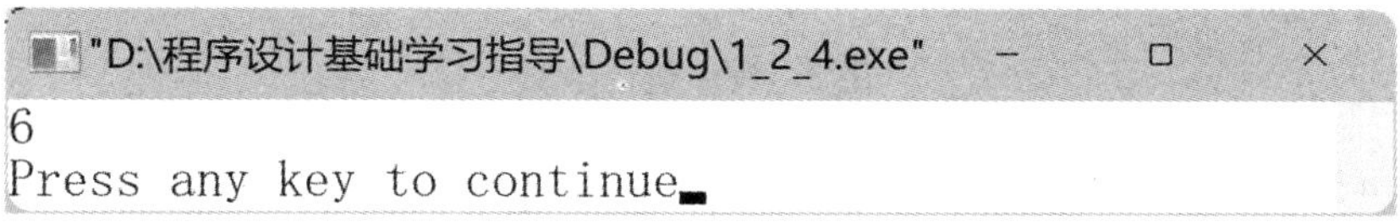

```
■ "D:\程序设计基础学习指导\Debug\1_2_4.exe"   —   □   ×
6
Press any key to continue_
```

图 5　程序运行结果

2.2.3　拓展题

1. 参考程序如下：

```c
#include <stdio.h>
int main()
{
    int a = 5;
    int b = 8;
    int c = 7;
    //每两个数进行比较
    if (a < b)
    {
        int tmp = a;
        a = b;
        b = tmp;
    }
    if (a < c)
    {
        int tmp = a;
        a = c;
        c = tmp;
    }
    if (b < c)
    {
        int tmp = b;
        b = c;
        c = tmp;
    }
    printf("%d %d %d\n", a, b, c);
    return 0;
}
```

　　本题解题要点：该题主要是先从题目中读取有用信息，已知三个整数，这里可以定义三个变量同时赋值也可以通过输入语句给三个变量赋值，三个数要从大到小排序，从数学角度来说最简便的方式是两两比较，将大的值放在前边，这里需要注意进行交换的时候一定要借助于临时变量，临时变量只需要定义一个即可完成。

　　运行结果如图 6 所示。

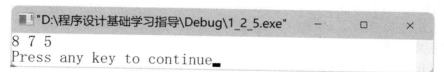

图 6　程序运行结果

2. 参考程序如下：

```
#include <stdio.h>
#include <math.h>
int main( )
{
    int n;                  //存款的年数
    double deposit;         //存款的本金
    double moneys;          //存款一年的本金
    double x;               //利率
    scanf("%d",&n);
    scanf("%lf",&deposit);
    scanf("%lf",&x);
    printf("%.2lf\n",pow(1+x,n) * deposit);
    return 0;
}
```

本题解题要点：根据题意，需要三个变量，分别是存款年数、存款本金、存款利率，所以设置变量一个正整数代表存款年数和两个实数，分别表示存款利率和存款本金。计算时使用了 pow 函数，所以头文件要有"math.h"。输出时一个双精度实数，小数点后保留 2 位有效数字，格式用 .2 表示。

运行结果如图 7 所示。

图 7　程序运行结果

习题 3.2 解答

3.2.1　基础题

1～5：B、D、A、B、C；6～10：D、A、B、B、C。

3.2.2　提高题

1. A=6。

本题解题要点：本题主要考查宏定义，这里用一个标识符号 A 来表示的常量 2+8，根据宏定义可以知道，凡在源程序中发现 A 时，都用其后指定的字符串 2+8 来替换，这里 A/2 替换成 2+8/2=6，而在 printf 语句里的 A 则是原样输出，在下一章会更详细的讲解，因此结果是 A=6。

运行结果如图 8 所示。

```
#include <stdio.h>
#define A 2+8
```

```
int main( )
{
    printf("A = %d\n",A/2);
    return 0;
}
```

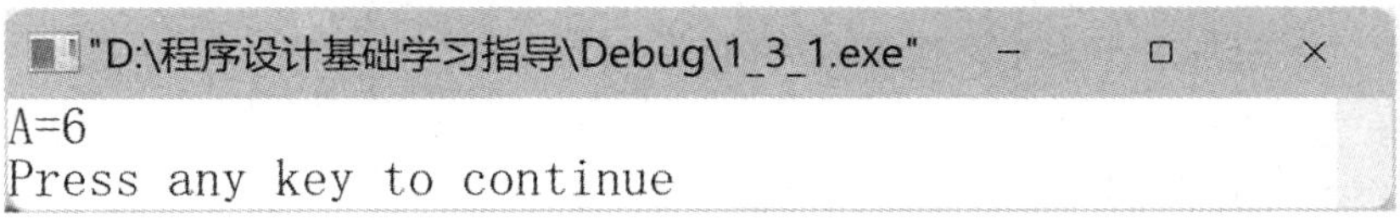

■ "D:\程序设计基础学习指导\Debug\1_3_1.exe" — □ ×

A=6
Press any key to continue

图8 程序运行结果

2. 0。

本题解题要点:本题主要考查强制类型转换,因为 x 是整型,所以运行 x = 1.2 时,x 实际值是为 1,运行 y = (x + 3.8)/5.0 时,等式右侧为一个小于零的数,因为 y 是整型,所以 y = 0,故输出结果为 0。

运行结果为图9所示。

```
#include ⟨stdio.h⟩
int main( )
{
    double d = 3.2;            //定义双精度变量 d
    int x,y;                   //定义整型变量 x,y
    x = 1.2;
    y = (x + 3.8)/5.0;         //y 为整型
    printf("%d\n",d * y);      //输出表达式 d * y 的值
    return 0;
}
```

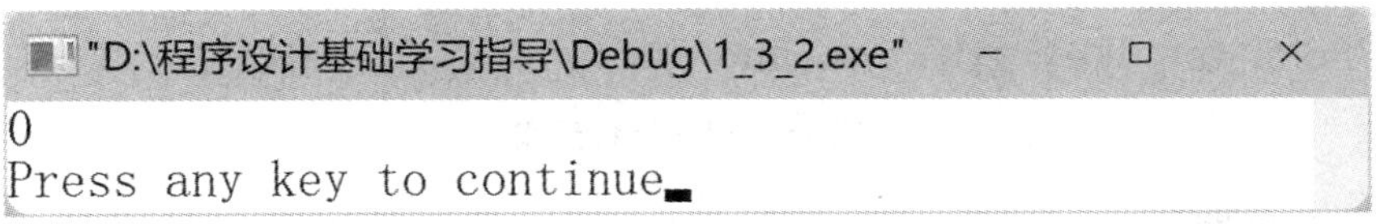

■ "D:\程序设计基础学习指导\Debug\1_3_2.exe" — □ ×

0
Press any key to continue

图9 程序运行结果

3. 8,2。

本题解题要点:本题主要考查自增运算符,自增运算符前缀运算符是变量使用之前先对其执行加 1 操作,后缀运算符是先使用变量的当前值,然后对其进行加 1 操作。因此 x 是先输出再减 1,y 是先减 1 再输出,所以结果是 8,2,这里注意一定要有逗号。

运行结果如图10所示。

```
#include ⟨stdio.h⟩
int main( )
{
    int x,y;            //定义整型变量 x,y
```

```
        x = 8;
        y = 3;
        printf("%d,%d\n",x--,--y);        //输出表达式 x--,--y 的值
        return 0;
}
```

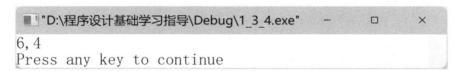

图 10   程序运行结果

4. 6,4。

本题解题要点:本题主要考查赋值运算符,赋值运算符的结合顺序是从右向左进行的,所以先算括号里边的赋值表达式,首先计算 i* =k 可以知道 i=4,然后计算 k+ =i 结果 k =6,所以括号表达式的值是 6,赋值给 m,最后输出为 6,4。

运行结果如图 11 所示。

```
#include <stdio.h>
int main()
{
        int k=2,i=2,m;                //定义整型变量 k,i 并赋值,定义变量 m
        m=(k+ =i* =k);
        printf("%d,%d\n",m,i);      //输出 m,i 的值
        return 0;
}
```

```
"D:\程序设计基础学习指导\Debug\1_3_4.exe"    —    □    ×
6,4
Press any key to continue
```

图 11   程序运行结果

3.2.3 拓展题

1. 参考程序如下:

```
#include <stdio.h>
#include <math.h>
#define    PI    3.141592
int main()
{
        doubler,v;
        printf("请输入半径:");    //输出提示语,方便和用户交流
        scanf("%lf",&r);
        v=4.0/3 * PI * pow(r,3);
```

```
        v = (int)((v + 0.005) * 100)/100.0;    //将小数点第三位四舍五入方法
        printf("%.2lf\n",v);
        return 0;
    }
```

本题解题要点:本题分析可得,求球的体积需要输入变量 r,这里设为 double 类型,还需要一个变量 V 表示体积,数学公式 $V = 4/3\pi v^3$,这里要求使用数学函数 pow,因此需要引入头文件 math.h,π 是常量,在这里避免重复写 3.141592,因此用＃define 进行定义,这里需要注意的是如果写右边表达式时不能直接写成 4/3,应该写成 4.0/3。本题另外一个难点是设计把变量 V 中的数,从小数点后第三位数进行四舍五入的算法,这里若要求对小数点后第三位数进行四舍五入,则可对原数加 0.005 后再进行以上运算。

运行结果如图 12 所示。

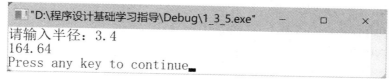

图 12   程序运行结果

2. 参考程序如下:

```
    ＃include ⟨stdio.h⟩
    int main( )
    {
        char a,b,c,d;
        printf("请输入四个字符:");
        scanf("%c%c%c%c",&a,&b,&c,&d);  //输入四个字符,注意空字符也是字符
        printf("密码为:%c%c%c%c\n",a + 4,b + 4,c + 4,d + 4);
        return 0;
    }
```

本题解题要点:本题分析可得,需要定义四个字符型变量,并进行输入,这里输入的格式符为%c,由于字符型变量在内存中是以 ASCII 码的形式存放的,因此在一定范围可以和整数一样进行加减运算。

运行结果如图 13 所示。

```
■■"D:\程序设计基础学习指导\Debug\1_3_6.exe"    —    □    ×
请输入四个字符: Glad
密码为: Kpeh
Press any key to continue_
```

图 13   程序运行结果

习题 4.2 解答

4.2.1 基础题
1~5:A、B、B、C、D;6~10:A、D、B、C、A。

4.2.2 提高题

1. a＝%d,b＝%2。

本题解题要点：本题主要考查%%d,可拆成两部分看待,一是"%%"在 C 语言中就是输出一个"%",而"d"就是一个普通字符,所以当"%%d"在一起时,其含义就是输出"%d"这两个字符。%%%d,3 个%在一起,进行拆分的话,%%代表一个"%"字符,后面的%d又代表整型输出变量的值,所以当"%%%d"一起时,其最终含义就是输出一个字符%号再接着按整型输出变量的值。

运行结果如图 14 所示。

```
#include〈stdio.h〉
int main( )
{
    int a＝2,b＝3;
    printf("a＝%%d,b＝%%%d\n",a,b);
    return 0;
}
```

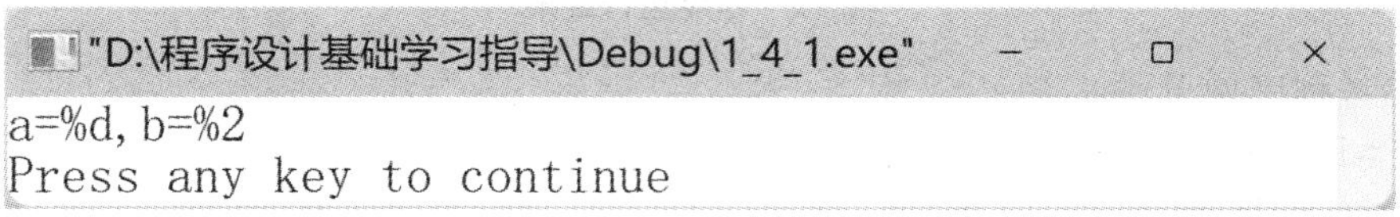

```
■"D:\程序设计基础学习指导\Debug\1_4_1.exe"    —    □    ×
a=%d, b=%2
Press any key to continue
```

图 14　程序运行结果

2. F。

本题解题要点：本题主要考查字符在计算机内部是以 ASCII 码或其他编码形式存储的字符型,所以在一定范围内字符型和整型在输入、输出时是可以相互转换的,即可以存储一个字符或一个小的整数。因此这里可以将字符转换成 ASCII 码进行计算,输出格式是字符,因此结果输出是 F。

运行结果如图 15 所示。

```
#include〈stdio.h〉
int main( )
{
    int x＝'e';            //定义整型变量 x,赋值为字符 e 的 ASCII 码
    printf("%c\n",'A'＋(x-'a'＋1));
    return 0;
}
```

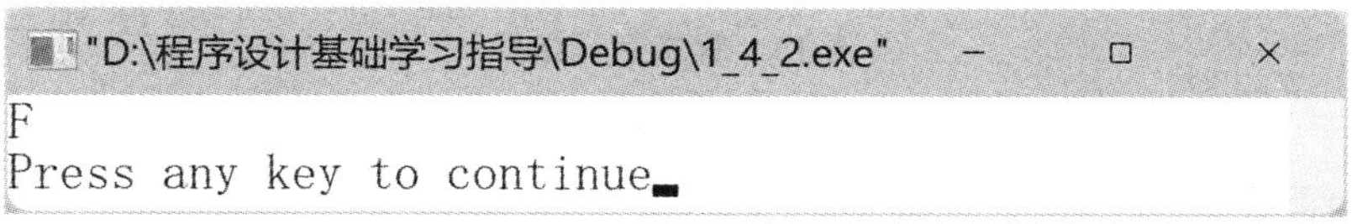

```
■"D:\程序设计基础学习指导\Debug\1_4_2.exe"    —    □    ×
F
Press any key to continue▄
```

图 15　程序运行结果

3. 12。

本题解题要点：本题主要考查 getchar 函数接收的是否是单个字符和数字,数字和字符

在一定范围可以相互转换,当输入 12 回车后,ch1 是字符'1'不是数字 1,ch2 是'2',n1 =
ch1 -'0'得 1,同理,ch2 -'0'得 2,故输出结果为 12。

　　运行结果为如图 16 所示。

```
#include ⟨stdio.h⟩
int main( )
{
    char ch1,ch2;
    int n1,n2;
    ch1 = getchar( );          //从键盘输入字符赋值给 ch1
    ch2 = getchar( );          //从键盘输入字符赋值给 ch2
    n1 = ch1 -'0';             //'0'的值是 0 的 ASCII 码值
    n2 = n1 * 10 +(ch2 -'0');
    printf("%d\n",n2);
    return 0;
}
```

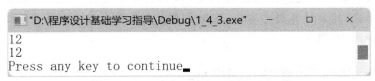

图 16　程序运行结果

　　4. x = 123,y = 67。

　　本题解题要点:本题主要考查 scanf 函数格式符,scanf( )函数中第一个格式说明为
"%3d",表示接受三个数字即 123 赋给 x;第二个格式说明为"% * 2s",这里% * 是赋值忽略
符,该占位符不会将解析值放入对应变量中,而是直接丢弃,表示接受两个数字不赋给任何
变量,即跳过 45;第三个格式说明为"%2d",表示接受两个数字即 67 赋给 y。所以程序输出
为 x = 123,y = 67。

　　运行结果为如图 17 所示。

```
#include ⟨stdio.h⟩
int main( )
{
    int x,y;
    scanf("%3d% * 2s%2d",&x,&y);    //输入格式% * 的含义是忽略
    printf("x = %d,y = %d\n",x,y);
    return 0;
}
```

图 17　程序运行结果

5. 参考程序如下：

```
#include <stdio.h>
int main( )
{
    int m,a,b,c;
    printf("请输入一个三位整数:");
    scanf("%d",&m);
    a=m/100;              //计算百位
    b=m%100/10;           //计算十位
    c=m%10;               //计算个位
    printf("新的三位数为:%d\n",c*100+b*10+a);
    return 0;
}
```

本题解题要点：分析该题可知已知是三位数，这里我们就不做判断了，以后大家学习到选择结构以后为了程序的完整性需进行判断，三位数反序输出，需要将三位数百位、十位及个位分别计算出来，然后计算逆序输出，这里主要考查%取余及整除符号的使用。

运行结果如图18所示。

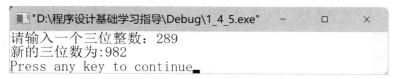

图18　程序运行结果

4.2.3　拓展题

1. 参考程序如下：

```
#include <stdio.h>
int main()
{
    double a,b,c,ave;
    printf("Enter a,b,c:");
    scanf("%lf,%lf,%lf", &a,&b,&c);     //双精度数输入格式符为%lf
    ave=(a+b+c)/3;
    ave=(int)((ave+0.05)*10)/10.0;     //加0.05可以小数点后第二位进位
    printf("a=%f,b=%f,c=%f,ave=%.1f\n",a,b,c,ave);
    return 0;
}
```

本题解题要点：分析该题可知需定义4个双精度变量a、b、c和ave，变量a、b、c分别存放读入的3个双精度数，ave存放它们的平均值。输入a,b,c，求平均值ave，本题难点是设计把变量ave中的数，从小数点后第二位数进行四舍五入的算法，这里若要求对小数点后第二位数进行四舍五入，则可对原数加0.05后再进行以上运算。如要求保留123.4644小数点后一位且对第二位数进行四舍五入,可用表达式:(int)((123.467＋0.05)＊10)/10.0。

注意:分母一定要用实数 10.0 而不能用整数 10,否则就变成整除了;若要求保留 123.4644 小数点后两位且对第三位数进行四舍五入,最后按要求输出即可。

运行结果如图 19 所示。

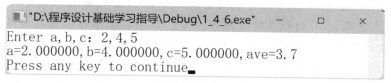

图 19　程序运行结果

习题 5.2 解答

5.2.1　基础题

1～5:B、D、C、C、A;6～10:B、C、D、A、B;11～15:A、A、A、C、C。

5.2.2　提高题

1. 不是小写字母。

本题解题要点:首先,定义了一个字符变量 c 并赋值为 '＊'。然后,使用 if 语句检查 c 是否在小写字母的范围内(即 'a' 到 'z')。这是通过比较 c 与 'a' 和 'z' 的 ASCII 值来实现的。

如果 c 在 'a' 和 'z' 之间,那么将打印出 "小写字母"。如果 c 不在 'a' 和 'z' 之间,那么将打印出 "不是小写字母"。在这个例子中,c 被赋值为 '＊',其 ASCII 值为 42,这并不在 'a'(97)和 'z'(122)的 ASCII 值之间,所以将打印出 "不是小写字母"。

2. 268100。

本题解题要点:首先,定义了四个整型变量 a、b、c 和 t,分别赋值为 2、6、8 和 100。接下来是一个嵌套的 if 语句。外层 if 判断条件是 b 是否为非零(即真),内层 if 判断条件是 a 是否为非零(即真)。如果外层和内层的 if 条件都满足,那么会执行 printf("%d%d",a,b),打印出 a 和 b 的值,即"26"。接着,无论外层 if 条件是否满足,都会执行 printf("%d%d",c, t),打印出 c 和 t 的值,即"8100"。因此,整个程序的输出结果就是"268100"。

3. 1525。

本题解题要点:首先,定义了一个整型变量 x 并赋值为 15。接下来有三个 if 语句,分别判断 x 的值是否大于 20、10 和 3。如果 x 大于 20,执行 printf("%d",x−10),打印出 x 减去 10 的结果,即 5。但是这个条件不满足,所以不会执行这条语句。如果 x 大于 10,执行 printf("%d",x),打印出 x 的值,即 15。这个条件满足,所以会执行这条语句。如果 x 大于 3,执行 printf("%d\n",x＋10),打印出 x 加上 10 的结果,并在末尾添加换行符,即 25。这个条件也满足,所以会执行这条语句。因此,整个程序的输出结果就是"1525"。

4. ThreeOver。

本题解题要点:首先,定义了一个整型变量 s 并赋值为 10。然后,使用 switch 语句对表达式 s/3 的结果进行判断。由于 s 除以 3 等于 3,所以表达式的结果为 3。switch 语句中有三个 case 分支,分别对应值为 1、2 和 3 的情况。由于表达式结果为 3,因此会匹配到第三个

case 分支,执行其中的代码块。在第三个 case 分支中,printf 函数打印出字符串"Three"。由于没有 break 语句,程序会继续执行下一个 case 分支或 default 分支,整个程序的输出结果就是"ThreeOver"。

5. @ * &。

本题解题要点:首先,定义了三个整型变量 a、b 和 c,分别赋值为 2、7 和 5。然后,使用 switch 语句对表达式 a>0 的结果进行判断。由于 a 大于 0,所以表达式结果为真(在 C 语言中,非零值被视为真)。switch 语句中有两个 case 分支,分别对应值为 1 和 0 的情况。由于表达式结果为真,因此会匹配到第一个 case 分支,执行其中的代码块。在第一个 case 分支中,又有一个嵌套的 switch 语句,用于判断表达式 b>0 的结果。由于 b 大于 0,所以表达式结果为真。嵌套的 switch 语句中有两个 case 分支,分别对应值为 1 和 2 的情况。由于表达式结果为真,因此会匹配到第一个 case 分支,执行其中的代码块。在第一个 case 分支中,printf 函数打印出字符"@"。由于没有 break 语句,程序会继续执行其他 case 分支或 default 分支。接下来,程序会继续执行外层的 switch 语句中的第二个 case 分支,即 case 0:。在外层 switch 语句的第二个 case 分支中,又有一个嵌套的 switch 语句,用于判断表达式 c! =5 的结果。由于 c 不等于 5,所以表达式结果为真。嵌套的 switch 语句中有三个 case 分支,分别对应值为 0、1 和 2 的情况。由于表达式结果为真,因此会匹配到第二个 case 分支,执行其中的代码块。在第二个 case 分支中,printf 函数打印出字符" * "。由于没有 break 语句,程序会继续执行下一个 case 分支或 default 分支,因此,整个程序的输出结果就是"@ * &"。

6. 参考程序如下:

```
#include ⟨stdio.h⟩
int main()
{
    int number;
    printf("请输入一个整数:");
    scanf("%d",&number);
    if(number%3 = =0)
        printf("%d 是 3 的倍数\n",number);
    else
        printf("%d 不是 3 的倍数\n",number);
}
```

本题解题要点:首先,我们需要获取用户输入的整数。然后,需要判断这个整数是否是 3 的倍数。可以检查这个整数除以 3 的余数是否为 0。如果余数为 0,那么这个整数就是 3 的倍数;否则,它不是 3 的倍数。最后,需要输出结果,告诉用户这个整数是否是 3 的倍数。

运行结果如图 20 所示。

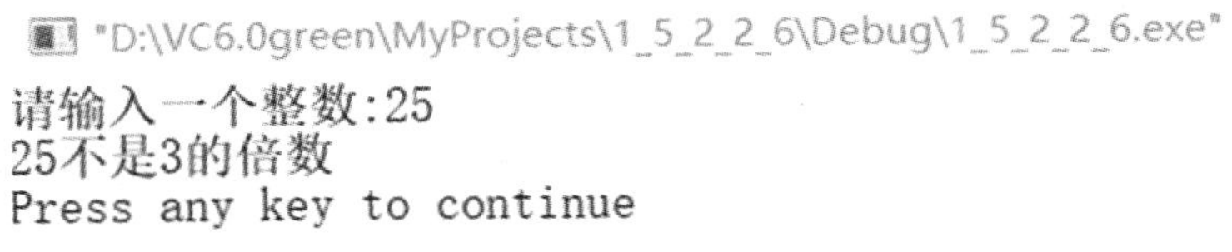

```
　 "D:\VC6.0green\MyProjects\1_5_2_2_6\Debug\1_5_2_2_6.exe"
请输入一个整数:25
25不是3的倍数
Press any key to continue
```

图 20　程序运行结果

7. 参考程序如下：

```
#include <stdio.h>
int main()
{
    int year;
    printf("请输入一个年份:");
    scanf("%d",&year);
    if(year%400==0||(year%4==0&&year%100==0))
    printf("%d 是闰年\n",year);
    else
        printf("%d 不是闰年\n",year);
}
```

本题解题要点：首先，我们需要获取用户输入的年份。然后，需要判断这个年份是否是闰年。根据闰年的定义，可以使用以下条件来判断：如果年份能被 400 整除，那么它是闰年。如果年份能被 4 整除但不能被 100 整除，那么它也是闰年。否则，它不是闰年。最后，需要输出结果，告诉用户这个年份是否是闰年。

运行结果如图 21 所示。

```
"D:\VC6.0green\程序设计基础学习指导\Exercises\1_5_2_2_7\Debug\1_5_2_2_7.exe"
请输入一个年份:2007
2007不是闰年
Press any key to continue
```

图 21　程序运行结果

8. 参考程序如下：

```
#include <stdio.h>
int main()
{
    float amount,charge;
    printf("请输入转账金额:");
    scanf("%f",&amount);
    charge=amount*0.001;
    if(charge<1)
        charge=1;
    else
        if(charge>50)
            charge=50;
    printf("转账%.2f 元,手续费%.2f 元\n",amount,charge);
}
```

本题解题要点：首先，我们需要获取用户输入的转账金额。然后，根据手续费的收取规则，可以计算出手续费。手续费计算公式为手续费＝转账金额×0.001。接下来，需要确保手续费不低于最低值 1 元且不超过最高值 50 元。如果计算出的手续费小于 1 元,则手续费设为 1 元;如果计算出的手续费大于 50 元,则手续费设为 50 元。最后,输出应收手续费。

运行结果如图 22 所示。

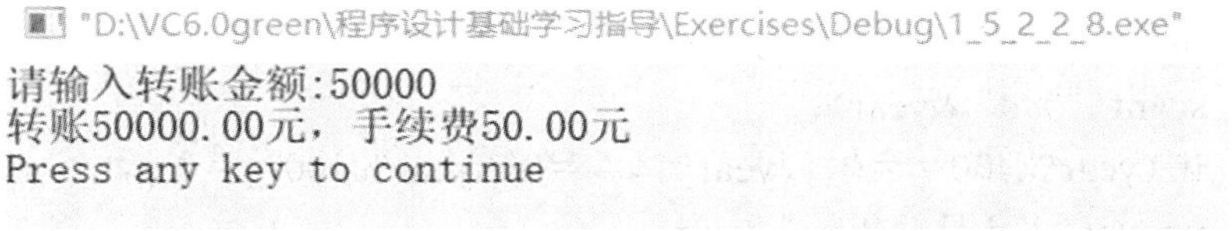

图 22　程序运行结果

5.2.3　拓展题

1. 参考程序如下:

```
#include <stdio.h>
#include <time.h>              //time 函数包含在 time.h 中
#include <stdlib.h>            //srand 和 rand 函数包含在 stdlib. 中
int main()
{
    int add1,add2;
    float result,answer;
    char op;
    //用当前系统时间做 srand 函数的种子,保证程序多次运行产生的随机数不一样
    srand((unsigned)time(NULL));
    add1 = rand()%20 + 1;      //将产生的随机数限制在 1-20 之间
    add2 = rand()%20 + 1;
    op = rand()%4;
    switch(op)
    {
        case 0:op=' +';break;
        case 1:op=' -';break;
        case 2:op=' *';break;
        case 3:op=' /';break;
    }
    printf("%d%c%d = ",add1,op,add2);
    scanf("%f",&answer);
    switch(op)
    {
        case ' +':result = add1 + add2;break;
        case ' -':result = add1 - add2;break;
        case ' *':result = add1 * add2;break;
        case ' /':result = (float)add1/add2;break;
```

```
        }
    if (answer = = result)
        printf("恭喜你,答对啦!");
    else
        printf("再想想吧!");
}
```

本题解题要点:随机生成两个 1 到 20 之间的整数作为运算数。随机选择一个运算符(＋、－、＊、/)。根据运算符进行相应的运算,提示用户输入答案。比较用户输入的答案和正确答案,根据比较结果输出相应的信息。

运行结果如图 23 所示。

```
"D:\VC6.0green\程序设计基础学习指导\Exercises\Debug\1_5_2_3_1.exe"
10-15=-5
恭喜你，答对啦! Press any key to continue
```

图 23　程序运行结果

2. 参考程序如下:

```
#include 〈stdio.h〉
int main()
{
    int year,month,days;
    printf("请输入年月(yyyy-mm):");
    scanf("%d-%d",&year,&month);
    switch(month)
    {
        case 1:
        case 3:
        case 5:
        case 7:
        case 8:
        case 10:
        case 12:days = 31;break;
        case 4:
        case 6:
        case 9:
        case 11:days = 30;break;
        case 2: if (year%400 = = 0||(year%4 = = 0&&year%100 = = 0))
                    days = 29;
                else
                    days = 28;
```

```
                break;
          default:days = - 1;
      }
    if (days>0)
        printf("%d 年%d 月有%d 天\n",year,month,days);
    else
        printf("月份必须在 1-12 之间! \n");
}
```

本题解题要点:首先,我们需要获取用户输入的年份和月份。然后,根据月份判断该月有多少天。需要注意的是,闰年和平年的二月份天数是不同的。对于 1、3、5、7、8、10、12 月,每个月都有 31 天。对于 4、6、9、11 月,每个月都有 30 天。对于 2 月,需要判断是否为闰年。闰年的条件是能被 4 整除但不能被 100 整除,或者能被 400 整除。如果是闰年,则 2 月有 29 天;否则,2 月有 28 天。最后,输出该月的天数。

运行结果如图 24 所示。

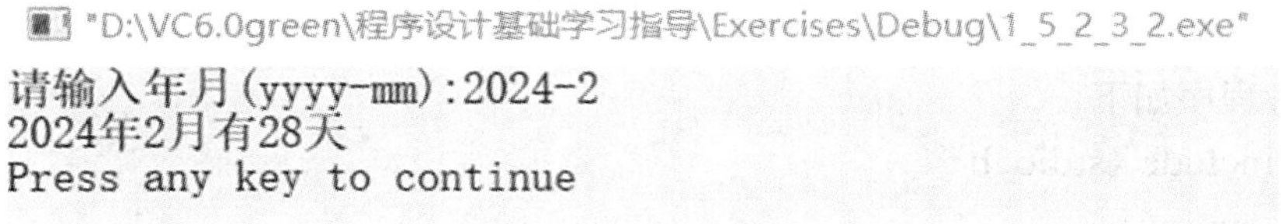

■ "D:\VC6.0green\程序设计基础学习指导\Exercises\Debug\1_5_2_3_2.exe"

```
请输入年月(yyyy-mm):2024-2
2024年2月有28天
Press any key to continue
```

图 24　程序运行结果

习题 6.2 解答

6.2.1　基础题
1~5:A、A、D、B、A;6~10:D、C、C、B、D;11~15:C、B、B、A、D。

6.2.2　提高题
1. 0。

本题解题要点:这段程序的目的是读取输入直到遇到一个不是星号('*')的字符为止,并且每当读到一个星号时,就在屏幕上打印一个井号('#')。当输入为 "abc * 0123" 时,程序的行为如下:首先,程序会逐个读取字符,直到遇到第一个非星号字符。在这个例子中,第一个非星号字符是'a'。在遇到'a'之前,程序不会进入 while 循环体,因为条件(ch = getchar()) = = '*' 不成立。一旦遇到'a',while 循环的条件不再满足,因此循环终止。由于输入字符串的第一个字符就是'a',而不是星号,所以 while 循环体实际上一次都不会执行。因此,对于输入"abc * 0123",while 循环体将执行 0 次。

2. 97531。

本题解题要点:这段程序的目的是将一个整数倒序输出。它首先定义了一个整数变量 data,并将其初始化为 13579。然后,它使用一个 while 循环来反复执行以下操作:计算 data 除以 10 的余数(即 data 的最后一位数字),并将结果存储在变量 units 中。打印出 units 的值。将 data 除以 10,去掉最后一位数字。这个过程会一直重复,直到 data 变为 0。每次循环都会输出 data 的最后一位数字,从而实现了整数的倒序输出。

初始值 data 是 13579,按照上述步骤,我们可以得到:第一次循环:units = 9(13579%10),打印 9, data = 1357(13579/10)第二次循环:units = 7(1357% 10),打印 7, data = 135(1357/10)第三次循环:units = 5(135%10),打印 5,data = 13(135/10)第四次循环:units = 3(13%10),打印 3,data = 1(13/10)第五次循环:units = 1(1%10),打印 1,data = 0(1/10)此时 data 等于 0,循环终止。因此,最终的输出结果是"97531"。

3. int n = 1;1.0/n > = 0.00001;sign/n。

本题解题要点:初始化变量:sign 表示正负号,sum 表示累加和,n 表示当前项的分母。使用 while 循环进行累加,条件为当前项的绝对值大于等于 10^{-5}。在循环内部,根据 sign 的值计算当前项的值,并累加到 sum 中。更新 sign 的值,使其在每次循环时交替为正负。更新 n 的值,使其在每次循环时递增。最终输出结果。

4. 5。

本题解题要点:这段程序的目的是计算一个特定的数学表达式的值,并将结果打印出来。让我们逐步分析代码:首先,定义了两个整数变量 a 和 b,分别初始化为 1 和 7。然后,进入一个 do-while 循环,该循环会一直执行直到 b 小于等于 1。在循环内部,将 b 除以 2(即 b = b/2),然后将结果加到 a 上(即 a += b)。循环结束后,使用 printf 函数打印出变量 a 的值。现在让我们手动执行这个程序来计算输出结果:初始值:a = 1,b = 7 第一次循环:b = 7/2 = 3,a = 1 + 3 = 4 第二次循环:b = 3/2 = 1,a = 4 + 1 = 5 第三次循环:b = 1/2 = 0(因为整数除法向下取整),a = 5 + 0 = 5 由于 b 现在等于 0,不满足循环条件 b > 1,所以循环结束。因此,最终的输出结果是 a 的值,即 5。

5. ＃＃2＃＃4。

本题解题要点:首先,定义了一个整型变量 k。for 循环的初始条件是 k = 2,循环条件是 k < 6,每次循环后 k 的值增加 2(k++ ,k++)。在循环体内,使用 printf 函数输出字符串"＃＃%d"和当前的 k 值。由于每次循环 k 增加 2,所以当 k = 2 时,输出"＃＃2";当 k = 4 时,输出"＃＃4";此时 k = 6,不满足循环条件,循环结束。因此,程序段的输出结果是"＃＃2＃＃4"。

6. 0918273645。

本题解题要点:首先,定义了两个字符型变量 c1 和 c2,并分别赋值为'0'和'9'。在 ASCII 码中,字符'0'的值为 48,字符'9'的值为 57。然后,使用 for 循环,循环条件是 c1 小于 c2。在循环内部,先输出 c1 和 c2 的值,然后 c1 自增 1,c2 自减 1。由于 c1 和 c2 的初始值分别为'0'和'9',所以在第一次循环时,输出的是"09"。然后 c1 变为'1',c2 变为'8'。接下来,由于 c1 仍然小于 c2,所以继续循环。这次输出的是"18"。然后 c1 变为'2',c2 变为'7'。这个过程一直持续到 c1 等于'4',c2 等于'5'。此时,由于 c1 不再小于 c2,所以循环结束。因此,整个程序的输出结果是"0918273645"。

7. A、C、E。

本题解题要点:首先,定义了一个整型变量 i。for 循环的初始条件是 i = 'a'(即 ASCII 码值为 97),循环条件是 i < 'f'(即 ASCII 码值小于 102),每次循环后 i 的值增加 2(i++ ,i++)。在循环体内,使用 printf 函数输出字符,该字符由 i - 'a' + 'A' 计算得出。这里减去'a'是为了将字母转换为从 0 开始的索引,然后加上'A'是为了将其转换为大写字母。

8. 1。

本题解题要点:首先,我们有一个外部循环 for(i = 3;i > = 1;i--),它从 3 开始递减到

1。在这个循环中,我们初始化变量 sum 为 0,然后进入内部循环 for(j=1;j<=i;j++)。这个内部循环会执行 i 次,每次将 i * j 的结果累加到 sum 上。现在,让我们手动计算每个循环迭代的 sum 值:

当 i=3 时,内部循环会执行三次,分别对应 j=1,2,3。因此,sum 会增加 3 * 1+3 * 2+3 * 3,即 3+6+9,得到 18。

当 i=2 时,内部循环会执行两次,分别对应 j=1,2。因此,sum 会增加 2 * 1+2 * 2,即 2+4,得到 6。

当 i=1 时,内部循环只会执行一次,对应 j=1。因此,sum 会增加 1 * 1,即 1。

然而,注意到在每次外部循环迭代结束时,我们并没有保留上一次迭代的 sum 值。因此,最终的 sum 只包含了最后一次迭代的结果,即 sum=1。所以,程序的输出结果应该是 1。

9. 参考程序如下:

```
#include <stdio.h>
int main()
{
    int data,digits,data1;
    printf("请输入一个整数:");
    scanf("%d",&data);
    data1=data;
    digits=0;
    while(data1! =0)
    {
        digits++;
        data1/=10;
    }
    printf("%d 是%d 位数\n",data,digits);
}
```

本题解题要点:首先,我们需要获取用户输入的整数。然后,可以通过不断除以 10 来计算整数的位数。每次除以 10 后,整数的位数减少 1,直到整数变为 0 为止。在循环中,每执行一次除法操作,就将位数计数器加 1。最后输出结果。

运行结果如图 25 所示。

"D:\VC6.0green\程序设计基础学习指导\1_6_2_2_9\Debug\1_6_2_2_9.exe"
请输入一个整数:791025
791025是6位数
Press any key to continue

图 25　程序运行结果

10. 参考程序如下:

```
#include <stdio.h>
int main()
```

```
{
    double paper = 0.1;                    //纸的厚度以毫米为单位
    const int height = 8848.86 * 1000;      //珠穆朗玛峰高度换算为毫米
    int count = 0;        //次数
    while( paper<height )
    {
        paper * = 2;
        count ++ ;
    }
    printf("折叠次数为:%d\n", count );
}
```

本题解题要点:首先,我们需要将珠穆朗玛峰的高度从米转换为毫米。由于一张纸的厚度是 0.1 毫米,所以需要计算珠穆朗玛峰的高度有多少个这样的纸张厚度。每次折叠纸张时,纸张的厚度会增加一倍。因此,可以使用一个循环来计算折叠多少次可以达到或超过珠穆朗玛峰的高度。在循环中,将纸张的厚度乘以 2,并增加折叠次数。当纸张的厚度大于或等于珠穆朗玛峰的高度时,停止循环。输出折叠次数。

运行结果如图 26 所示。

■ "D:\VC6.0green\程序设计基础学习指导\Exercises\Debug\1_6_2_2_10.exe"

折叠次数为: 27
Press any key to continue

图 26   程序运行结果

11. 参考程序如下:

```
# include <stdio.h>
int main()
{
    int m,n,t;
    scanf("%d%d",&m,&n);
    if (m<n)            //如果 m 小于 n 则将两个数交换过来
    {t = n;n = m;m = t;}
    while(m%n! =0)//用辗转相除法求最大公约数,循环结束后 n 即为最大公约数
    {t = n;n = m%n;m = t;}
    printf("最大公约数为:%d",n);
}
```

本题解题要点:首先,我们需要获取两个整数作为输入。然后,使用辗转相除法来计算这两个整数的最大公约数。辗转相除法的基本思想是:用较大的数除以较小的数,再用除数除以出现的余数(第一余数),再用第一余数除以出现的余数(第二余数),如此反复,直到最后余数是 0 为止。如果是求两个数的最大公约数,那么最后的除数就是这两个数的最大公约数。在循环中,将较大的数赋值给 m,较小的数赋值给 n,然后计算 m 除以 n 的余数 t。如

果余数为 0，则 n 即为最大公约数，程序结束；否则，将 n 赋值给 m，将 t 赋值给 n，继续执行循环。输出最大公约数。

运行结果如图 27 所示。

```
"D:\VC6.0green\程序设计基础学习指导\Exercises\Debug\1_6_2_2_11.exe"
12
44
最大公约数为：4Press any key to continue
```

图 27　程序运行结果

12. 参考程序如下：

```
#include 〈stdio.h〉
int main()
{
    int i,n,data,max=0,min=0,even=0,evennumber=0;
    printf("请输入需要整数的数量:");
    scanf("%d",&n);
    printf("请输入%d个整数:\n",n);
    scanf("%d",&data);//输入第1个整数
    max=data;
    min=data;
    if (data%2==0)
    {
        even=even+data;
        evennumber++;
    }
    for(i=1;i<n;i++)
    {
        scanf("%d",&data);
        if (data>max)
            max=data;
        else
            if (data<min)
                min=data;
        if (data%2==0)
        {
            even=even+data;
            evennumber++;
        }
    }
    printf ("最大值:%d\n最小值:%d\n偶数平均数:%5.2f\n",max,min,
```

$(float)(even)/evennumber);$

　　　　}

　　本题解题要点:首先,程序会提示用户输入需要整数的数量 n。然后,程序会提示用户输入 n 个整数。在输入第一个整数时,程序会将其作为最大值和最小值的初始值,并检查它是否为偶数。如果是偶数,则将其累加到 even 变量中,并将偶数计数器 evennumber 加 1。接下来,程序会使用 for 循环遍历剩余的整数。对于每个整数,程序会检查它是否大于当前的最大值或小于当前的最小值,并相应地更新 max 和 min 变量。同时,如果该整数是偶数,也会将其累加到 even 变量中,并将偶数计数器 evennumber 加 1。最后,程序会计算偶数的平均数,即 even 除以 evennumber。然后输出最大值、最小值。

　　运行结果如图 28 所示。

```
"D:\VC6.0green\程序设计基础学习指导\Exercises\Debug\1_6_2_2_12.exe"
请输入需要整数的数量:6
请输入6个整数:
123
457
1025
32
5
77
最大值: 1025
最小值: 5
偶数平均数: 32.00
Press any key to continue
```

图 28　程序运行结果

6.2.3　拓展题

1. 参考程序如下:

```c
#include <stdio.h>
int main()
{
    int n,sum,value;
    printf("请输入 value 值:");
    scanf("%d",&value);
    n=0;
    sum=0;
    do
    {
        n++;
        sum=sum+n*(n+1);
    }while(sum<=value);      //更适合使用 do-while
    printf("n 的最小值是%d\n",n);
}
```

　　本题解题要点:首先,程序会提示用户输入一个大于 1 的正整数 value。初始化变量 n 为 0,用于迭代计算。

　　初始化变量 sum 为 0,用于累加每一项的值。使用 do-while 循环进行迭代计算,直到满足不等式条件为止。在循环中,每次迭代将 n 增加 1,并计算当前项的值 sum+=n*(n+1)。

检查是否满足不等式条件:sum>value。如果满足条件,则输出当前的 n 值作为结果。如果不满足条件,则继续下一次迭代。

运行结果如图 29 所示。

```
■ "D:\VC6.0green\程序设计基础学习指导\Exercises\Debug\1_6_2_3_1.exe"
请输入value值: 457
n的最小值是11
Press any key to continue
```

图 29　程序运行结果

2. 参考程序如下:

```c
#include <stdio.h>
#include <Windows.h>
int main()
{
    int minute,second;
        scanf("%d:%d",&minute,&second);
    for(;second>=0;second--)
    {
        printf("%2d:%2d",minute,second);
        Sleep(1000);
        printf("\b\b\b\b\b");
    }
    for(minute--;minute>=0;minute--)
    {
        for(second=59;second>=0;second--)
        {
            printf("%2d:%2d",minute,second);
            Sleep(1000);
            printf("\b\b\b\b\b");
        }
    }
}
```

本题解题要点:首先,程序需要接收用户输入的倒计时时间,格式为分钟:秒。然后,使用两个嵌套的 for 循环来实现倒计时功能。外层循环控制分钟数,内层循环控制秒数。在内层循环中,每次打印当前的分钟和秒数,然后使用 Sleep 函数暂停 1 秒(1000 毫秒)。在每次打印后,使用退格符(\b)将光标移回前四个字符的位置,以便下一次打印时覆盖掉原来的数字。当内层循环结束时,将秒数重置为 59,继续外层循环,直到分钟数减到 0 为止。

运行结果如图 30 所示。

▓ "D:\VC6.0green\程序设计基础学习指导\Exercises\Debug\1_6_2_3_2.exe"

0001
0:48

图 30　程序运行结果

3. 参考程序如下：

```c
#include <stdio.h>
int main()
{
    int min,max,data = -1,ones,tens,hundreds;
    printf("请输入范围,例如:200-800:");
    scanf("%d-%d",&min,&max);
    data = min;
    while(data<=max)
    {
        ones = data%10;    hundreds = data/100;    tens = data/10%10;
        if (ones * ones * ones + tens * tens * tens + hundreds * hundreds *
            hundreds == data)
            break;
        data++;
    }
    if (data<=max)
        printf("[%d-%d]范围内最小水仙花数是:%d\n",min,max,data);
    else
        printf("[%d-%d]范围内没有水仙花数!",min,max);
}
```

　　本题解题要点:首先,程序需要接收用户输入的范围,即最小值和最大值。初始化一个变量 data 为最小值 min,用于遍历范围内的每个数。使用 while 循环遍历从 min 到 max 的每个数。对于每个数,计算其个位、十位和百位数的值。判断当前数是否满足水仙花数的条件,即个位的立方加上十位的立方再加上百位的立方等于该数本身。如果找到满足条件的数,则跳出循环。最后,根据是否找到水仙花数,输出相应的结果。如果找到了水仙花数,则输出该数;如果没有找到,则输出提示信息。

　　运行结果如图 31 所示。

▓ "D:\VC6.0green\程序设计基础学习指导\Exercises\Debug\1_6_2_3_3.exe"

请输入范围，例如：200-800：400-800
[400-800]范围内最小水仙花数是：407
Press any key to continue

图 31　程序运行结果

习题 7.2 解答

7.2.1 基础题

1~5：A、B、D、C、C；6~10：B、B、C、A、B；11~13：B、C、B。

7.2.2 提高题

1. 6。

本题解题要点：这段程序首先定义了一个名为 fun 的函数，该函数接受两个整数参数 x 和 y。如果 x 不等于 y，则返回它们的平均值；否则，返回 x。在 main 函数中，定义了三个整数变量 a，b，和 c，分别赋值为 4，5，和 6。然后调用 fun 函数两次：第一次传入 2 * a（即 8）和 fun(b，c) 的结果，第二次传入 b 和 c。由于 b 和 c 的值分别为 5 和 6，所以 fun(b,c) 会返回它们的平均值，即 (5+6)/2=11/2=5.5。然而，由于 fun 函数中的除法运算符/是整数除法，结果会被截断为整数部分，因此 fun(b,c) 实际上返回的是 5。接下来，我们计算 fun(2 * a，fun(b,c))，即 fun(8,5)。因为 x 不等于 y，所以函数返回它们的平均值，即 (8+5)/2=13/2=6.5。同样地，由于整数除法的特性，结果会被截断为整数部分，因此最终结果是 6。

2. 4。

本题解题要点：首先，我们需要理解函数 print(char ch，int n) 的功能。这个函数接收一个字符 ch 和一个整数 n 作为参数，然后打印出 n 个字符 ch。但是，每打印 6 个字符后，它会换行。接下来，我们分析调用语句 prt('*',24);。这里有两个问题：首先，函数名应该是 print 而不是 prt；其次，函数名的大小写不一致，可能是输入错误。假设正确的函数名为 print，并且大小写正确，那么我们将调用 print('*',24)。根据题目要求，我们需要计算程序共输出了多少行 * 号。由于每 6 个字符换一行，我们可以将 24 除以 6 得到 4，这意味着有 4 行完整的 * 字符。但是，需要注意的是，如果 24 不能被 6 整除，那么最后一行可能不满 6 个字符。在这个例子中，24 可以被 6 整除，所以有 4 行完整的 * 字符。因此，程序共输出了 4 行 * 号。

3. * i ;1.0/ fac;s。

本题解题要点：计算阶乘：在循环中，我们需要计算每个数的阶乘。可以使用一个变量 fac 来存储阶乘的值，并在每次循环时更新它。累加求和：需要将每个阶乘的倒数累加到变量 s 中。在每次循环中，将 fac 除以 i（即当前阶乘的倒数），然后将其加到 s 上。返回结果：最后，返回累加后的和 s。

4. int fact(int x) ；i<3000；i<j&&i = = fact(j)。

本题解题要点：定义一个函数 fact(int x)，用于计算 x 的所有因子之和。在 main 函数中，使用 for 循环遍历从 2 到 3000 之间的整数 i。对于每个整数 i，调用 fact 函数计算其所有因子之和，并将结果存储在变量 j 中。检查 i 是否不等于 j 且 fact(j) 等于 i，如果满足条件，则输出这对亲密数对。

5. 136。

本题解题要点：这段代码定义了一个递归函数 fun，它接受一个整数参数 x。如果 x/2 大于 0，它会递归地调用自身，传入 x/2 作为参数。然后，无论是否进行了递归调用，都会打印出当前的 x 值。让我们逐步分析程序的执行过程：主函数 main 调用 fun(6)。在 fun(6) 中，x/2 等于 3，大于 0，因此会递归调用 fun(3)。在 fun(3) 中，x/2 等于 1，大于 0，因此会递归调用 fun(1)。在 fun(1) 中，x/2 等于 0，不大于 0，所以不会进行递归调用，直接打印出 x，即 1。回到 fun(3),打印出 x,即 3。回到 fun(6),打印出 x,即 6。

    6. dlrow olleh。

    本题解题要点:这个程序是一个递归函数,它读取输入的字符直到遇到换行符('\n'),然后反向输出这些字符。解题思路如下:首先,程序从键盘读取一个字符并将其存储在变量 c 中。如果读取到的字符不是换行符(即 c! = '\n'),则继续递归调用 fun()函数读取下一个字符。当遇到换行符时,递归开始返回,并使用 putchar(c)将字符输出到屏幕上。由于递归的特性,它会按照相反的顺序输出字符,即最先读取的字符最后被输出,最后读取的字符最先被输出。对于输入"hello world",程序会逐个读取字符,直到遇到换行符。然后,它会反向输出这些字符。因此,输出将是"dlrow olleh"。

    7. 10;6 + add(n − 1);add(n)。

    本题解题要点:补充 add 函数,使其能够根据输入的 n 计算出对应的数。在 main 函数中,读取用户输入的 n 值。调用 add 函数计算第 n 个数的值。输出计算结果。

    8. 5 6,7 7,12 6。

    本题解题要点:这段代码首先定义了一个宏 C,值为 5。然后声明了两个全局变量 x 和 y,其中 x 被初始化为 1,y 被初始化为 C(即 5)。在 main 函数中,又声明了一个局部变量 x,并赋值为 y++。由于 y 的初始值为 5,所以 x 的值为 5,并且 y 自增后变为 6。接着输出 x 和 y 的值,结果为"5 6"。接下来是一个 if 语句,判断 x 是否大于 4。由于此时 x 的值为 5,满足条件,因此执行 if 语句块内的代码。在这个代码块中,再次声明了一个局部变量 x,并赋值为 ++y。由于 y 的当前值为 6,所以 x 的值为 7,并且 y 自增后变为 7。然后输出 x 和 y 的值,结果为"7 7"。最后一行代码是 x+ = y−−;。由于 y 的当前值为 7,所以先将 y 的值赋给 x,然后 y 自减 1,变为 6。因此,x 的新值变为 12,而 y 的新值变为 6。最后输出 x 和 y 的值,结果为"12 6"。

    9. 参考程序如下:

```
#include <stdio.h>
int leapYear(int year)
{
    if ((year%4 = = 0&&year%100! = 0)||year%400 = = 0)
        return 1;
    else
        return 0;
}
int main()
{
    int year;
    printf("请输入一个年份:");
    scanf("%d",&year);
    if (leapYear(year) = = 1)
        printf("%d 是闰年!",year);
    else
        printf("%d 不是闰年!",year);
```

```
    }
```

本题解题要点：首先，我们需要编写一个函数 leapYear 来判断给定的年份是否为闰年。闰年的判断规则是：能被 4 整除但不能被 100 整除，或者能被 400 整除的年份。在主函数中，要求用户输入一个年份。使用 scanf 函数读取用户输入的年份。调用 leapYear 函数判断输入的年份是否为闰年。根据 leapYear 函数的返回值，输出相应的结果。如果返回值为 1，则表示输入的年份是闰年；如果返回值为 0，则表示输入的年份不是闰年。

运行结果如图 32 所示。

```
"D:\VC6.0green\程序设计基础学习指导\Exercises\Debug\1_7_2_2_9.exe"
请输入一个年份：2019
2019不是闰年！Press any key to continue
```

图 32 程序运行结果

10. 参考程序如下：

```c
#include <stdio.h>
int eat(int count,int day)
{
    int s = (count + 1) * 2;
    day = day - 1;
    if(day < = 1)
        return(s);
    else
        return eat(s,day);
}
int main()
{   int count1 = 1,day1 = 10;
    printf("%d\n",eat(count1,day1));
}
```

本题解题要点：首先定义一个名为 eat 的递归函数，它接受两个参数：count 表示当前的桃子数量，day 表示剩余的天数。在函数内部，首先计算第二天开始时的桃子数量，即(count+1)*2。然后减少一天，即 day=day-1。如果剩余天数小于等于 1 天，说明已经到达最后一天，直接返回当前的桃子数量。否则，继续调用 eat 函数，传入新的桃子数量和剩余天数。在 main 函数中，初始化 count1 为 1（第一天的桃子数量），day1 为 10（总共有 10 天）。调用 eat 函数并打印结果。

运行结果如图 33 所示。

```
"D:\VC6.0green\程序设计基础学习指导\Exercises\Debug\1_7_2_2_10.exe"
1534
Press any key to continue
```

图 33 程序运行结果

7.2.3 拓展题

1. 参考程序如下：

```
#include <stdio.h>
int minDaffodils(int a,int b)
{
    int ones,hundreds,tens,data = a;
    while(data <= b)
    {
        ones = data%10; hundreds = data/100;   tens = data/10%10;
        if（ones * ones * ones + tens * tens * tens + hundreds * hundreds *
            hundreds == data）
            return data;
        data++;
    }
    return -1;
}
int main()
{
    int min,max,data = -1;
    printf("请输入范围,例如:200-800:");
    scanf("%d-%d",&min,&max);
    data = minDaffodils(min,max);
    if（data > -1）
        printf("[%d-%d]范围内最小水仙花数是:%d\n",min,max,data);
    else
        printf("[%d-%d]范围内没有水仙花数!",min,max);
}
```

本题解题要点:定义一个名为 minDaffodils 的函数,接收两个整数参数 a 和 b,表示要查找的范围。在函数内部,初始化变量 ones、hundreds、tens 和 data,其中 data 初始值为 a。使用 while 循环遍历从 a 到 b 的所有整数。对于每个整数 data,计算个位(ones)、十位(tens)和百位(hundreds)。判断是否满足水仙花数的条件:ones^3 + tens^3 + hundreds^3 == data。如果满足条件,返回当前的 data 作为最小水仙花数。如果不满足条件,继续遍历下一个整数。

如果遍历完所有整数都没有找到水仙花数,返回-1 表示没有找到。在 main 函数中,提示用户输入范围,并调用 minDaffodils 函数查找最小水仙花数。根据 minDaffodils 函数的返回值,输出结果。如果返回值大于-1,说明找到了水仙花数;否则,输出范围内没有水仙花数。

运行结果如图 34 所示。

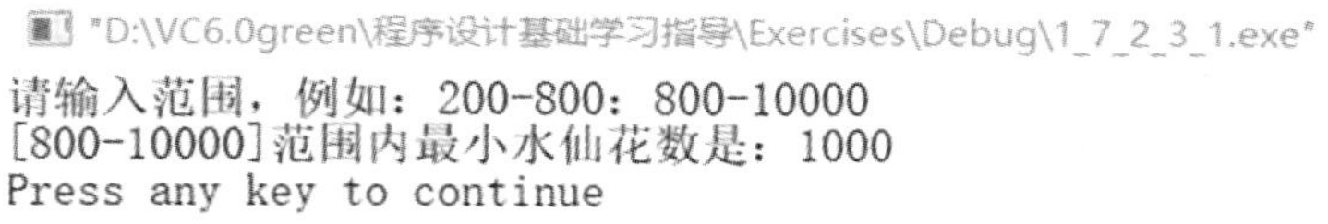

"D:\VC6.0green\程序设计基础学习指导\Exercises\Debug\1_7_2_3_1.exe"

请输入范围，例如：200-800：800-10000
[800-10000]范围内最小水仙花数是：1000
Press any key to continue

图 34　程序运行结果

2. 参考程序如下：

```c
#include <stdio.h>
int main()
{
    int f1,f2,f3,count,n;
    printf("请输入 n:");
    scanf("%d",&n);
    if (n==1||n==2)
        f3=1;
    else
    {
        f1=f2=1;
        count=3;
        while(count++<=n)
        {
            f3=f1+f2;
            f1=f2;
            f2=f3;
        }
    }
    printf("%d 月后有%d 对兔子",n,f3);
}
```

本题解题要点：首先，我们需要理解题目描述的规律。题目描述了一只兔子繁殖的过程，每个月兔子的数量是前两个月兔子数量之和。这是一个典型的斐波那契数列问题。根据斐波那契数列的定义，可以知道：

$$f_1=1(第一对小兔子)$$
$$f_2=1(第二对小兔子)$$
$$f_n=f_{n-1}+f_{n-2}(n\geqslant3)$$

在这个问题中，需要计算 n 个月后有多少对兔子。可以使用循环来计算斐波那契数列的第 n 项。初始化两个变量 f_1 和 f_2，分别表示第 1 个月和第 2 个月的兔子对数。初始值都设为 1。使用一个计数器 count 来记录当前计算到第几个月。从第 3 个月开始，每次循环将 f_1 和 f_2 相加得到 f_3，然后更新 f_1 和 f_2 的值。当 count 等于 n 时，跳出循环，此时 f_3 就是 n 个月后的兔子对数。输出结果，即 n 个月后有多少对兔子。

运行结果如图 35 所示。

图35　程序运行结果

习题8.2解答

8.2.1　基础题
1~5：C、B、A、C、D；6~10：C、A、C、B、D。

8.2.2　提高题
1. array[0]='H'；。

本题解题要点：本题主要考查的是数组元素赋值的基本操作，仔细观察原数组，发现第一个元素为小写的字符"h"，而题目要求输出第一个字符为大写的"H"，其他字符是数组对应的元素内容。程序的for循环语句是输出数组array的元素。所以只能给第一个数组元素赋值，即修改第一个数组元素值为"H"。

参考程序如下：

```
#include <stdio.h>
int main()
{    int n;
     char array[5]={'h','e','1','1','o'}
     array[0]='H';     //程序代码添加；
     for(n = 0; n < 5; n++)
        prints("%c",array[n])
     }
     prints("\n");
     return 0;
}
```

运行结果如图36所示。

"D:\CTestBook\程序设计基础学习指导\Debug\1_8_2_1_1.exe"   —   □   ×
Hello
Press any key to continue

图36　程序运行结果

2. C。

本题解题要点：题目给的数组是x[3][3]={1,2,3,4,5,6,7,8,9}，即x数组含有3行3列。本题主要考虑输出数组元素表达式x[i][2-i]每一次计算的值。

参考程序如下：

```
#include〈stdio.h〉
int main()
{
    int i, x[3][3] = {1, 2, 3, 4, 5, 6, 7, 8, 9};
    for (i=0; i<3; i++)
        printf("%d", x[i][2-i]);
    return 0;
}
```

运行结果如图 37 所示。

"D:\CTestBook\程序设计基础学习指导\Exercises\Debug\testC1_8_2_1_2_2.exe"

357Press any key to continue

图 37　程序运行结果

3. 62345。

本题解题要点:题目给的数组是 arr[5]={2,3,4,5,6},首先将最后一个元素 a[4]=6 赋值给 temp。本题主要考虑循环体语句 arr[i]=arr[i-1];是从数组中倒数第 2 个元素开始依次赋值给该元素后面的元素,一直到第一个元素 a[0]赋值给 a[1]为止。最后将 temp 的值 6 再赋值给 a[0],最后数组变为 arr[5]={6,2,3,4,5},所以数组值再输出为 62345。

运行结果如图 38 所示。

"D:\CTestBook\程序设计基础学习指导\Exercises\Debug\testC1_8_2_1_2_3.exe"

62345
Press any key to continue

图 38　程序运行结果

4. 参考程序如下:

```
#include〈stdio.h〉
int main()
{
    int arr[5]={1, 2, 3, 4, 5};
    int i,num,pos;
    printf("请输入一个整数:");
    scanf("%d", &num);
    pos=-1;
    for (i=0; i<5; i++) {
        if (arr[i] == num) {
            pos =i;
            break;
        }
    }
```

```
            if(pos>=0) {
                arr[pos]=10;
                printf("该整数在数组中的位置为：%d\n", pos);
                printf("替换后的数组为：");
                for (i=0; i<5; i++) {
                    printf("%d ", arr[i]);
                }
        } else {
                printf("该整数不在数组中。\n");
        }
        printf("\n");
        return 0;
    }
```

本题解题要点：该程序首先定义一个包含5个元素的整数数组，输入一个整数，查找该整数在数组中的位置，如果找到，将其替换为另一个整数10，若没有找到输出"该整数不在数组中"。

运行结果如图39所示。

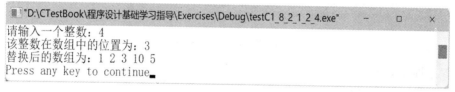

图39   程序运行结果

5. 参考程序如下：

```
    #include <stdio.h>
    int main()
    {
            int i,numbers[10];
            int sum=0;
            int count=0;
            printf("Enter 10 integers:\n");
            for(i=0;i<10;++i)
            {   printf("Enter number %d：",i+1);
            scanf("%d",&numbers[i]);
            if(numbers[i]%2==0){
                sum+=numbers[i];
                count++;
            }
        }
            if(count>0){
```

```
        double average = (double)sum/count；
        printf("Average of even numbers：%lf\n",average)；
    }else{
        printf("No even numbers entered. \n")；
    }
    return 0；
}
```

本题解题要点：该程序通过循环输入用户的 10 个整数，并在过程中计算所有偶数的总和以及个数，然后计算平均值。

运行结果如图 40 所示。

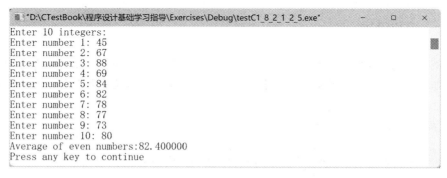

```
"D:\CTestBook\程序设计基础学习指导\Exercises\Debug\testC1_8_2_1_2_5.exe"              –    □    ×
Enter 10 integers:
Enter number 1: 45
Enter number 2: 67
Enter number 3: 88
Enter number 4: 69
Enter number 5: 84
Enter number 6: 82
Enter number 7: 78
Enter number 8: 77
Enter number 9: 73
Enter number 10: 80
Average of even numbers:82.400000
Press any key to continue
```

图 40　程序运行结果

6. 参考程序如下：

```
#include〈stdio. h〉
int main()
{
    int i,j,k = 0；
    float max,min,temp,sum[5] = {0.0}；
    float a[5][7] = {{5.1,6,8.4,7,9,7.3,8},{6,8.2,8.4,7.1,9,7.2,8},{6.2,
            8.5,7.6,7,9,7.3,8},{6.4,8.4,7.7,8.2,9,7.7,8},{6.6,8.
            2,7.4,8,9.3,7.5,5.3}}；
    for(i = 0；i<5；i++)
    {   max = a[i][0]；
        min = a[i][0]；
        for(j = 0；j<6；j++){
            sum[i] = sum[i] + a[i][j]；
            if(a[i][j+1]>max)   max = a[i][j+1]；
            if(a[i][j+1]<min)   min = a[i][j+1]；
        }
        printf("去掉最高、最低分 max = %0.1f,min = %0.1f",max,min )；
        sum[i] = (sum[i] + a[i][j] - max - min)/7；
        printf("该第%d 位选手最终得分 sum[%d] = %0.1f\n",i+1,i,sum[i])；
```

```
    }
    for(i=0;i<4;i++)
    {
        k=i;
        for(j=i+1;j<5;j++)
        {
            if(sum[j]>sum[k])
                k=j;
        }
        if(k! =i)
        {   temp=sum[i];
            sum[i]=sum[k];
            sum[k]=temp;
        }
    }
    for(j=0;j<5;j++)
    {
        printf("五位歌手的最终得分按高到低排序是:%0.1f\n",sum[j]);
    }
    return 0;
}
```

本题解题要点:该题目要注意构建二维数组初始化,根据题目意思我们知道二维数组行维数代表歌手人数,列代表 7 个评委依次给每位歌手的打分。同时注意怎样将每位歌手得分最大值和最小值找到并踢掉。每位歌手的最终得分放在一个一维数组中,最后再利用选择法排序将最终得分的一维数组排序输出。

运行结果如图 41 所示。

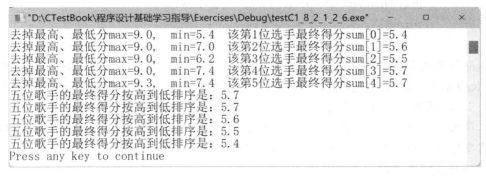

图 41　程序运行结果

8.2.3　拓展题

1. 参考程序如下:

```
#include <stdio.h>
    #define MAX_SAMPLES 100   //定义最大样本数
```

```
float findMaxPollutant(float samples[], int numSamples)
{//查找最大浓度的污染物
    float maxPollutant = samples[0];
        int i;
        for (i = 1;i<numSamples;i++) {
            if (samples[i] > maxPollutant)
                {maxPollutant = samples[i];}
    }
    return maxPollutant;
}
int main()
{
    float pollutionData[MAX_SAMPLES];
    int numSamples, i;
    float maxPollutant;
    printf("输入样本数(最多 %d):", MAX_SAMPLES);
    scanf("%d", &numSamples);
    if (numSamples > 0 && numSamples <= MAX_SAMPLES)
        {
            printf("输入 %d 个水样本的污染物浓度:\n", numSamples);
            for (i = 0; i<numSamples; i++) {
                printf("样本 %d:", i+1);
                scanf("%f", &pollutionData[i]);
        }
        maxPollutant = findMaxPollutant(pollutionData, numSamples);
        printf("最高污染物浓度为:%.2f\n", maxPollutant);
    } else {printf("输入样本数无效。\n");   }
    return 0;
}
```

本题解题要点:该题主要是先从题目中读取有用信息,实际上是构造污染物浓度的数组,该数组元素需要通过键盘输入,同时题目要求水样本最大数量为 100,也就是定义数组大小为 100。再者就是对该浓度数组求其最大值,也就是最高的污染物浓度。题目要求找出最高浓度的污染物需编写函数实现,这就注意数组作为传递参数,同时因为实际输入的样本数量需要根据实际输入确定,所以函数还需要另一个参数,这个参数就是实际的样本数量。然后再按照求最大值构造函数即可。

2. 参考程序如下:
```
#include <stdio.h>
#define N 12
void Fibonacci (int f[],int n);
int main()
```

```
    {
        int f [N],i;
        Fibonacci(f,N);
        printf( " \nTotal = %d\n",f[N−1]);
        return 0;
    }
    /* 函数功能:计算并打印斐波纳契数列的前 n 项 */
    void Fibonacci (intf[],int n)
    {
        int i;
        f[0]=1;
        f[1]=2;
        for(i=2;i<n; i++)
            f[i]=f[i−1]+ f[i−2];
        for (i=0; i<N;i++)
            printf("%4d",f[i]);
    }
```

本题解题要点:根据题意,兔子的繁殖情况示意图如图 42 所示。图中不带箭头实线表示成兔仍是成兔或者小兔长成成兔对应数量;带箭头实线表示成兔生小兔数量。观察分析此图可发现如下规律:

(1) 每个月小兔对数=上个月成兔对数

(2) 每个月成兔对数=上个月成兔对数+上个月小兔对数。

综合(1)和(2)有:每个月成兔对数=前两个月成兔对数之和。

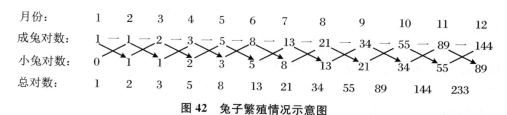

图 42 兔子繁殖情况示意图

用 $f_n(n=1,2,\cdots)$ 表示第 n 个月成兔对数,于是可将上述规律表示为如下递推公式:

$$f_1 = 1 \qquad (n=1)$$
$$f_2 = 1 \qquad (n=2)$$
$$f_n = f_{n-1} + f_{n-2} \qquad (n \geq 3)$$

依次令 $n=1,2,3,\cdots$,可由上述公式递推求出每个月成兔对数为

$$1,1,2,3,5,8,13,21,34,55,89,144,\cdots$$

这就是著名的斐波纳契数列。同理,可得每个月小兔的对数为

$$0,1,1,2,3,5,8,13,21,34,55,89,\cdots$$

因此,每个月兔子的总对数为

$$1,2,3,5,,8,13,21,34,55,89,144,233 ,\cdots$$

运行结果如图 43 所示。

图 43 程序运行结果

习题 9.2 解答

9.2.1 基础题

1. ＊ptr。

本题解题要点:使用＊操作符可以间接访问指针变量 ptr 所指向地址的值,将其赋值给变量 result。

运行结果如图 44 所示。

图 44 程序运行结果

2. B。

本题解题要点:在这个程序中,ptr2 指针没有被初始化,ptr2 不知道指向哪个内存地址。直接对其进行解引用赋值操作 ＊ptr2＝x;会导致未定义行为,导致程序运行时错误。

3. B。

本题解题要点:选项 B 错误,p1 是指向整型变量地址的指针,不能将变量 a 的值直接赋给它。

4. D。

本题解题要点:A 选项错误,因为 p 本身内容是 b 的地址,scanf 参数可以直接是 p 即可。B 选项错误,因为选项中 p 的值没有赋予值,执行那里是未知的,不能没有指向的 p 赋予 b 的值。C 选项错误,因为选项中 scanf 参数跟的是地址值,不是 ＊p。D 选项正确,p 开始赋予 b 的地址值,然后再通过指针解引用将 a 的值赋给 p。

5. A。

本题解题要点:在 C 语言中,使用指针作为函数参数时,应该在函数声明中指定指针类型,选项 A 中的写法是正确的。

6. B。

本题解题要点:当传递指针作为函数参数时,实际上传递的是指针变量的值,即指针所指向的变量内存地址。在函数调用时,将会复制指针的值,并将其传递给函数。这样,函数内部就可以使用这个地址来访问相应的内存位置,进而操作或者获取存储在该内存位置上的数据。

7. A。

本题解题要点:在 C 语言中,使用指针作为函数返回值时,应该在函数声明中指定指针类型,选项 A 中的写法是正确的。

8. B。

本题解题要点：可以使用 typedef 关键字来定义函数指针类型。例如，以下代码定义了一个指向无参、返回值为整型的函数指针类型 FuncPtr：

　　　　typedef int（*FuncPtr）（）;

9. C。

本题解题要点：在 C 语言中，声明一个指向函数的指针时，需要指定函数的返回类型和参数列表。选项 C 中的写法是正确的，表示一个返回类型为整数的函数指针。

10. C。

本题解题要点：A. 存储函数的返回值：函数指针主要用于存储函数的地址，而不是直接存储函数的返回值。当你通过函数指针调用函数时，它会返回相应的返回值，但指针本身不存储返回值。B. 修改函数的参数：通过函数指针调用函数时，不能直接修改函数的参数。函数指针主要用于调用函数，而不是修改函数内的参数。C. 调用函数：这是函数指针的主要用途。通过函数指针可以调用相应的函数。D. 执行函数体内的循环：函数指针主要用于调用函数，而不是执行函数体内的循环。函数体内的循环由函数自身控制，与函数指针的使用无直接关系。

9.2.2　提高题

1. ① int *ptr1, int *ptr2；② &num1，&num2。

本题解题要点：定义一个函数 swap，接受两个整数指针作为参数，在函数内通过指针交换两个值。

运行结果如图 45 所示。

图 45　程序运行结果

2. ① int（*ptr）（int，int）；② ptr=add。

本题解题要点：题目要求声明一个指向函数的指针 ptr，要注意函数指针的声明方式，从程序中得知这个函数指针指向的是返回值为 int 的函数 add(int a, int b)，所以函数指针声明为 int(*ptr)(int,int)。题目考查的另外一个知识点是函数名表示的是函数的首地址，所以将函数指针 ptr 指向 add 函数，表示为 ptr=add。

程序运行结果如图 46 所示。

图 46　程序运行结果

3. 参考程序如下：

```
#include〈stdio.h〉
void swap(int *pa, int *pb)
{
```

```
        int temp = * pa;
        * pa = * pb;
        * pb = temp;
    }
    int main()
    {
        int x = 5, y = 10;
        printf("交换前:x = %d, y = %d\n", x, y);
        swap(&x, &y);
        printf("交换后:x = %d, y = %d\n", x, y);
        return 0;
    }
```

本题解题要点:首先,编写函数 swap,该函数接受两个整型指针作为参数。在函数内部,通过指针交换它们所指向的值。在 main 函数中,声明两个整型变量 x 和 y。调用 swap 函数,并将变量 x 和 y 的地址传递给函数。最后,打印交换后的变量值。

运行结果如图 47 所示。

```
"D:\CTestBook\程序设计基础学习指导\Exercises\Debug\TestC_9_2_2_3.exe"    —    □    ×
交换前: x = 5, y = 10
交换后: x = 10, y = 5
Press any key to continue
```

图 47 程序运行结果

4. 参考程序如下:

```
#include <stdio.h>
    int sumArray(int * arr, int length)
    {
        int sum = 0;
        for (int i = 0; i<length; ++i) {
            sum + = arr[i];
        }
        return sum;
    }
    int main()
    {
        int array[] = {1, 2, 3, 4, 5};
        int length = sizeof(array) / sizeof(array[0]);
        int result = sumArray(array, length);
        printf("数组元素的和:%d\n", result);
        return 0;
    }
```

本题解题要点：题目主要考查的是一维数组的函数调用，也就是模拟按引用调用。要使数组作为参数传递给函数，在定义函数 sum_Array 参数时需要用指针作为第一个参数，另一个参数自然为数组长度。那么第一个参数的类型定义为数组元素的类型，第二个参数定义为整型类型。实参第一个参数即为数组的名称，第二个参数为数组长度 length。题目要求函数 sum_Array 返回数组所有元素的和，所以函数的返回值类型定义为数组元素的类型。在函数体中再利用循环求的数组中所有元素的和，最终 return 返回数组元素求和值即可。

运行结果如图 48 所示。

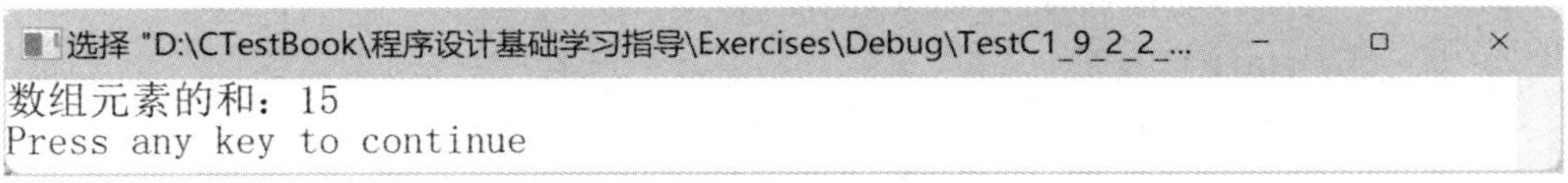

```
■选择 "D:\CTestBook\程序设计基础学习指导\Exercises\Debug\TestC1_9_2_2... —  □  ×
数组元素的和：15
Press any key to continue
```

图 48　程序运行结果

5. 参考程序如下：
```
#include 〈stdio.h〉
int main()
{
    int arr[] = {10, 20, 30, 40, 50};
    int * ptr = arr; // 将指针指向数组的第一个元素
    for (int i = 0; i<5; i++) {
        printf("arr[%d] = %d\n", i, * ptr);
        ptr++; // 指针后移一位,指向下一个元素
    }
    return 0;
}
```

本题解题要点：首先，声明一个包含 5 个整型元素的数组 arr。然后，声明一个指向整型数组的指针 ptr,并将其指向数组的第一个元素。使用 for 循环遍历数组,输出数组中的每个元素值。在循环体内,通过指针后移一位来访问数组的下一个元素。

运行结果如图 49 所示。

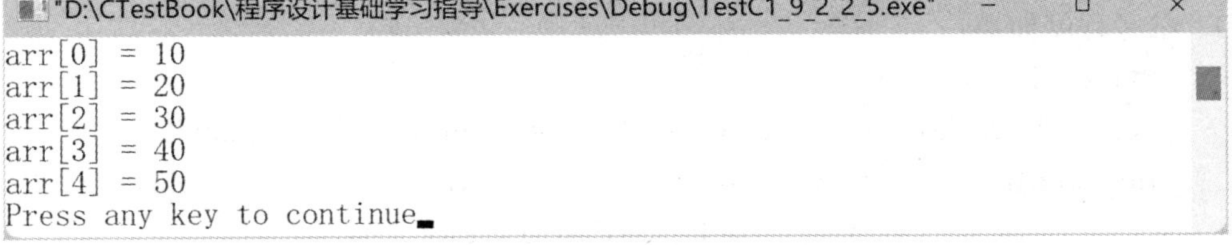

```
■"D:\CTestBook\程序设计基础学习指导\Exercises\Debug\TestC1_9_2_2_5.exe"  —  □  ×
arr[0] = 10
arr[1] = 20
arr[2] = 30
arr[3] = 40
arr[4] = 50
Press any key to continue_
```

图 49　程序运行结果

6. 参考程序如下：
```
#include 〈stdio.h〉
void reverse_Array(int * arr, int size)
```

```
{
        int * start = arr; // 指向数组的第一个元素
        int * end = arr + size - 1; // 指向数组的最后一个元素
        while (start < end) {
                //交换指针所指向的元素的值
                int temp = * start;
                * start = * end;
                * end = temp;
                //移动指针,缩小数组范围
                start ++;
                end --;
        }
}
int main()
{
        int i, arr[] = {2, 4, 6, 8, 9};
        int size = sizeof(arr) / sizeof(arr[0]);
        reverse_Array(arr, size);
        printf("逆序排列后的数组:\n");
        for (i = 0; i < size; i++) {
                printf("%d ", arr[i]);
        }
        printf("\n");
        return 0;
}
```

本题解题要点:首先,编写一个函数 reverse_Array,该函数接受一个整型数组和数组大小作为参数,并使用指针将数组中的元素逆序排列。在 main 函数中,声明一个整型数组 arr。计算数组的大小,并调用 reverse_Array 函数对数组进行逆序排列。最后,打印逆序排列后的数组。

9.2.3　拓展题

1. 参考程序如下:

```
#include <stdio.h>
void month_day(int year, int yearday, int * pmonth, int * pday);
int montharray[2][12] = {{31,28,31,30,31,30,31,31,30,31,30,31}, {31,29,
                31,30,31,30,31,31,30,31,30,31}};
int main()
{
        int year, month, day, yearday;
        printf("please enter year, yearday:");
        scanf("%d,%d", &year, &yearday);
```

```
month_day(year,yearday,&month,&day);
printf("month = %d, day = %d\n", month, day);
return 0;
}

void month_day(int year, int yearday,int * pmonth,int * pday)
{
    int i,leap;
    leap = ((year%4 = = 0) && (year%100! = 0))||(year%400 = = 0);
    for( i = 0;yearday>montharray[leap][i];i++ )
    {
        yearday = yearday - montharray[leap][i];
    }
    * pmonth = i + 1;
    * pday = yearday;
}
```

本题解题要点:该题题目要求输入某一年的第几天,计算输出它是这一年的第几月第几日。构造函数 month_day 因为要计算两个值,月和日,不用 return 返回,考虑形参用指针类型来返回两个值月与日。具体过程是:给定的某年 year、第几天 yearday,首先要计算该年 year 是平年还是闰年,确定好后再找到对应的年数组 montharray 行,从 yearday 中依次减去 1,2,3,…各月的天数,直到正好减为 0 或者不够减为止,即 yearday>montharray[leap][i],那么此时 * pmonth = i + 1;即为对应的该年月份,* pday = yearday;即为该月的几日。

运行结果如图 50 所示。

```
"D:\CTestBook\程序设计基础学习指导\Exercises\Debug\Test1_9_3_1.exe"
please enter year,yearday:2024,61
month = 3, day = 1
Press any key to continue
```

图 50　程序运行结果

2. 参考程序如下:
```
#include <stdio.h>
void bubble_Sort(int * arr, int n)
{
    int i, j, temp;
    for (i = 0; i<n-1; i++) {
        for (j = 0; j<n - i-1; j++) {
            if (arr[j] > arr[j+1]) {
                temp = arr[j];
                arr[j] = arr[j+1];
                arr[j+1] = temp;
            }
        }
```

```
            }
        }
    }
    int main()
    {
        int arr[] = {64，34，25，12，22，11，90};
        int n = sizeof(arr) / sizeof(arr[0]);
        bubble_Sort(arr, n);
        printf("Sorted array：");
        for (int i = 0; i<n; i++) {
            printf("%d ", arr[i]);
        }
        printf("\n");
        return 0;
    }
```

　　本题解题要点：程序定义一个名为 bubble_Sort 的函数，参数一个是指向整型数组的指针，一个是数组长度。在函数内部，我们使用冒泡排序算法对数组元素进行排序。在 main 函数中，我们创建了一个整型数组，调用 bubble_Sort 函数进行排序，并打印排序后的数组。

　　运行结果如图 51 所示。

```
■"D:\CTestBook\程序设计基础学习指导\Exercises\Debug\TestC1_9_2_3_2.exe"   —   □   ×
Sorted array: 13 14 25 27 38 69 97
Press any key to continue_
```

图 51　程序运行结果

习题 10.2 解答

10.2.1　基础题

1. B。

　　本题解题要点：数组名本身是一个常量指针，不能进行赋值操作，因此数组名 b 不能被字符串 "Hello!" 赋值，而选项 A 和 D 中使用了初始化的方式将字符串赋给数组。选项 C 中使用了 strcpy 函数将字符串复制到数组中。因此，本题选 B。

2. D。

　　本题解题要点：在选项 D 中，数组 a 的大小未指定，但根据初始化列表的大小推断数组大小为 6，并且初始化了数组 a 的值，这种方式是允许的。在其他选项中，选项 A 中使用了初始化字符串来定义整数数组，这是不合法的；选项 B 中数组大小为 5，但在初始化列表中有 6 个值，这也是不合法的；选项 C 尝试将字符串赋值给未定义的类型 string，这也是不合法的。

3. C。

　　本题解题要点：本题考查字符串处理函数的用法。strcat(strcpy(str1,str2),str3) 的功能是将 str2 复制到 str1 中,然后将 str3 连接到 str1 之后。这是因为函数调用的顺序是从内向外,所以首先会执行 strcpy(str1,str2),将 str2 复制到 str1 中,然后将 str3 连接到 str1 的末尾。因此选 C。

4. C。

本题解题要点:数组 s 是一个字符数组,不能直接将字符串赋值给数组。正确的做法是使用 strcpy 函数将字符串复制到数组中,或者通过初始化的方式将字符串赋给数组。其他选项中,选项 A、B 和 D 都是正确的赋值方式,没有编译错误。

5. *s− *t;。

本题解题要点:函数中的 while 循环会比较两个字符串中相应位置的字符,直到遇到不相等的字符或者其中一个字符串到达结束。如果 s 所指字符串大于 t 所指字符串,则返回值应为正数,即 s 的 ASCII 码减去 t 的 ASCII 码;如果 s 所指字符串小于 t 所指字符串,则返回值应为负数,即 s 的 ASCII 码减去 t 的 ASCII 码;如果两个字符串相等,则返回值为 0。

6. ① *p>='a'&& *p<='z'。
② *p>='A'&& *p<='Z'。
③ *p>='0'&& *p<='9'。

本题解题要点:这段程序通过遍历字符串中的每个字符,利用指针 p 统计字母、空格、数字及其他字符的个数。对于每个字符,首先判断是否为字母,然后是否为空格,然后是否为数字,最后为其他字符。统计完成后,输出各种字符的个数。

7. A。

本题解题要点:通过调用 strcpy 函数,在 arr[0] 被赋值为 "you" 后,arr[0][3]='&';将第四个字符修改为'&',所以输出 "you&"。arr[1] 被赋值为 "me",因此输出 "me"。所以答案选 A。

8. D。

本题解题要点:略。

9. A。

本题解题要点:要判断两个字符串是否相等,应该使用 strcmp 函数来比较它们,如果相等,则返回值为 0;如果不相等,则返回值不为 0。所以正确的方式是使用 strcmp(s1,s2)===0 来判断两个字符串是否相等。本题用字符串给两个字符数组赋值,使用数组名来作为 strcmp 的参数,因此选 A。

10. B。

本题解题要点:字符串 st 中实际的字符是 "hello"(5 个字符)后面跟着空字符'\0'、制表符'\t'和反斜杠'\',一共是 9 个字符。strlen(st) 函数用于计算字符串的实际长度(不包括末尾的'\0')。所以 strlen(st) 返回的是 5。sizeof(st) 会返回数组 st 的总大小,这里定义了一个长度为 20 的字符数组,因此 sizeof(st) 返回的是 20。所以输出结果为 5 和 20。

10.2.2 提高题

1. D。

本题解题要点:主函数 main 首先定义了一个长度为 10 的字符数组 str 并初始化为 "abcdefg",然后定义了一个字符指针 p 指向 str 数组中间位置加 1 的位置,即指向 e。再调用函数 fun,其中传入的参数是 p 和 p−2,即分别是指向数组 str 中间位置加 1 和中间位置减 2 的位置的指针。在函数 fun 中,首先将指针 s 指向的值赋给变量 k,然后交换指针 s 和指针 t 指向的值,然后分别将指针移动到下一个位置和前一个位置,如果 s 指向的值不为 0,则递归调用 fun 函数,继续交换字符位置,直到最后完成所有字符位置的交换。因此,最终输出的结果是"gfedcba"。

2. C。

本题解题要点:在这个程序中,输入被存储在字符数组 s 中,然后用 gets 函数读取输入。然后分别将指针 p1 和 p2 指向这个字符数组 s 的起始位置,并用 gets 函数再次读取输入,这会覆盖之前的输入。最后,使用 puts 函数分别输出 p1 和 p2 指向的字符串,p1 和 p2 都指向"efgh"。所以 puts(p1)和 puts(p2)都输出"efgh"。所以本题选 C。

3. ① ＊p<＝＊q。

② q＝q+k。

③ fun(a,b,c)。

本题解题要点:函数 fun 逐个比较字符串 p 和 q 中的字符,将 ASCII 值较大或相等的字符存储在数组 c 中,形成一个新的字符串,因此第一个空填＊p<＝＊q,而 if(＊p)这条语句检查指针 p 所指向的字符是否非空字符。如果指针 p 指向的字符不是空字符,则执行下面的语句。

p=p+k;是将指针 p 向后移动 k 个位置,以便在下一次循环中比较下一个字符。同理,if(＊q)语句段也是一样,因此第二个空填 q=q+k。在主函数中调用 fun 函数,实参需要与形参个数、类型一致,因此第三个空填 fun(a,b,c)。

4. ① 1 。

② num。

本题解题要点:在语句 if(p[i]=='−')中,对第一个字符即数字的负号做了判断,如果为真,就选择将第二个之后的数字与 sign 相乘输出,需要保持 sign 为 1,不变号,因此第一空填 1;最后需要返回 num 的值,因此第二空填 num。

5. Character found at position:4。

本题解题要点:给定的代码示例是在一个字符串"Hello,World!"中搜索字符'o'第一次出现的位置,并输出结果。因为'o'在字符串中第一个出现的位置为 4(从 0 开始计数),所以程序的输出结果应该是 Character found at position:4。

6. Copied string:Hel。

本题解题要点:给定的代码示例是将字符串"Hello"中的前 3 个字符复制到目标字符数组中,然后在目标字符数组末尾添加 null 终止符,以确保它是一个有效的 C 字符串。然后程序将打印出复制后的字符串。因为复制了"Hel"到目标字符数组,并在末尾添加了 null 终止符,因此程序的输出结果应该是 Copied string:Hel。

10.2.3 拓展题

1. 参考程序如下:

```c
#include <stdio.h>
#include <string.h>
#include <ctype.h>
#define MAX_LEN 100
int is_punctuation(char c)
{
```

```c
    return c == '.' || c == ',' || c == ':' || c == ';' || c == '!';
}
void find_longest_words(char * text)
{
    char longest_word[MAX_LEN];
    int i,found;
    int max_length = 0;
    int current_length = 0;
    int count = 0;
    char word[MAX_LEN];
    for (i = 0; text[i] != '\0'; i++)
    {
        if (isalpha(text[i]) || isdigit(text[i]))
        {
            word[current_length++] = tolower(text[i]);
        }
        else if (is_punctuation(text[i]) || text[i] == '' || text[i] == '\n')
        {
            word[current_length] = '\0';
            if (current_length > max_length)
            {
                max_length = current_length;
                strcpy(longest_word, word);
                count = 1;
            }
            else if (current_length == max_length)
            {
                count++;
            }
            current_length = 0;
        }
    }
    if (max_length == 0)
    {
        printf("No words found in the text.\n");
    }
        else
        {
        printf("The longest word(s) with length %d is/are: ", max_length);
        if (count == 1)
```

```
        {
            printf("%s\n", longest_word);
        }
        else
        {
        found = 0;
        current_length = 0;
        for (i = 0; i <= strlen(text); i++)
        {
            if (isalpha(text[i]) || isdigit(text[i]))
            {
                word[current_length++] = tolower(text[i]);
            }
            else if (is_punctuation(text[i]) || text[i] == '' || text
                    [i] == '\n' || text[i] == '\0')
            {
            word[current_length] = '\0';
            if (strlen(word) == max_length)
            {
                if (found > 0)
                {
                    printf(", ");
                }
                printf("%s", word);
                found++;
            }
            current_length = 0;
            }
        }
            printf("\n");
        }
    }
}
int main()
{
    char text[MAX_LEN];
    printf("Enter a line of text:\n");
    fgets(text, sizeof(text), stdin);
    find_longest_words(text);
    return 0;
}
```

本题解题要点：可以在函数内部，定义一个变量如 longest_word 用于存储最长的单词，max_length 用于记录最长单词的长度，current_length 用于记录当前单词的长度，count 用于记录找到的最长单词的个数。遍历输入的文本，将单词提取出来，并将其转换为小写字母形式。每当遇到标点符号、空格或换行符时，表示一个单词结束，判断当前单词的长度，更新最长单词和长度。如果找到的最长单词个数大于 1，则遍历文本，输出所有长度相同的最长单词，用逗号分隔。主函数中，获取用户输入的文本，调用 find_longest_words 函数进行处理并输出结果。

运行结果如图 52 所示。

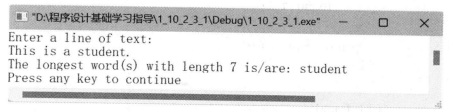

图 52　程序运行结果

2. 参考程序如下：

```c
#include <stdio.h>
void find_word_positions(char * text, char * word)
{
    int text_len = 0;
    int word_len = 0;
    int found = 0,i,j,match;
    // 计算文本和单词的长度
    while (text[text_len] ! = '\0')
    {
        text_len ++ ;
    }
    while (word[word_len] ! = '\0')
    {
        word_len ++ ;
    }
    // 查找单词的位置
    for (i = 0; i <= text_len − word_len; i++)
    {
        match = 1;
        for (j = 0; j < word_len; j++)
        {
            if (text[i+j] ! = word[j])
            {
                match = 0;
```

```
                    break；
                }
            }
            if（match）
            {
                if（! found）
                {
                    printf("The word'%s'occurs at position(s)： ", word)；
                    found = 1；
                }
                printf("%d ", i+1)；
            }
        }
        if（! found）
        {
            printf("The word'%s'does not occur in the text.\n", word)；
        }
        else
        {
            printf("\n")；
        }
    }
    int main()
    {
        char text[1000]；
        char word[50]；
        printf("Enter a line of text： ")；
        fgets(text, sizeof(text), stdin)；
        printf("Enter a word to search for： ")；
        scanf("%s", word)；
        find_word_positions(text, word)；
        return 0；
    }
```

本题解题要点：本题可以在主函数中获取用户输入的文本和单词。编写一个函数 findWordPosition，传入文本和单词作为参数。在 findWordPosition 函数中，逐个遍历文本，查找单词的第一个字符。如果找到了单词的首字符，则继续匹配后续字符，直到完全匹配单词。记录单词出现的位置，并输出位置信息。如果未找到单词，则输出提示信息。主函数调用 findWordPosition 函数，并输出结果。

运行结果如图 53 所示。

```
"D:\程序设计基础学习指导\1_10_2_3_2\Debug\1_10_2_3_2.exe"            —    □    ×
Enter a line of text: This is a student.
Enter a word to search for: is
The word 'is' occurs at position(s): 3 6
Press any key to continue
```

图 53　程序运行结果

3. 参考程序如下：

```c
#include <stdio.h>
int extract_and_sum_numbers(char * str)
{
    int sum = 0, num = 0, is_negative = 0, i;
    for (i = 0; str[i] != '\0'; i++)
    {
        if (str[i] >= '0' && str[i] <= '9')
        {
            num = num * 10 + (str[i] - '0');
        }
        else if (str[i] == '-')
        {
            is_negative = 1;
        }
        else
        {
            if (num != 0)
            {
                if (is_negative)
                {
                    num = -num;
                    is_negative = 0;
                }
                sum += num;
                num = 0;
            }
        }
    }
    // Add the last extracted number if any
    if (num != 0)
    {
```

```
        if（is_negative)
        {
            num = -num;
        }
        sum += num;
    }
    return sum;
}
int main()
{
    int sum;
    char str[1000];
    printf("Enter a string: ");
    fgets(str, sizeof(str), stdin);
    sum = extract_and_sum_numbers(str);
    printf("Total sum of extracted numbers: %d\n", sum);
    return 0;
}
```

本题解题要点：首先在主函数中获取用户输入的字符串 S。编写一个函数 extract_and_sum_numbers，用来传入用户输入的字符串作为参数。在 extract_and_sum_numbers 函数中，逐个遍历字符串 S。判断每个字符是否为数字，如果是数字则连续提取数字字符并累加到一个临时变量中。

当遇到非数字字符或字符串末尾时，将累加的数字转换为整数并累加到总和中。继续遍历字符串，直到遍历完成。最终输出数字的总和。

运行结果如图 54 所示。

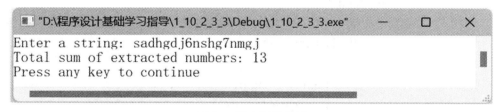

图 54　程序运行结果

习题 11.2 解答

11.2.1　基础题

1. D。

本题解题要点：本题主要考查学生对指针的概念，指针存储的是地址，为指针赋值必须用地址，所以用 i 的地址给 p 赋值。

2. B。

本题解题要点:本题主要考查用指向数组的指针以及用数组名来引用数组元素的方法,当定义一个指针并用数组名为其赋值时,数组名可以等价于指针,所以 $*p$ 或者 $*a$ 都引用的是元素1,a[p-a]等同于a[0],但数组a的长度为10,下标最大只能到9。

3. D。

本题解题要点:本题主要考查用指向数组的指针已经数组名来引用数组元素的方法,本题定义了指针p指向二维数组a的第一个元素位置。用循环语句为 p[i]赋值,相当于为二维数组a赋值,通过循环输出对应的值。

4. A。

本题解题要点:本题主要考查利用指针数组和二级指针来引用字符串数组的知识点。定义指针数组来存储每个字符串的首地址,因此 alpha[i]对应的就是数组中6个字符串的首地址。for(i=0;i<4;i++) printf("%c",*(p[i]));此循环语句从第一个字符串起输出前四个字符串的首字母。

5. B。

本题解题要点:本题主要考查利用数组和指针引用数组元素,通过判断得到该数组中最大的元素。首先将第一个元素设为最大,通过指针p的移动跟数组其他元素循环比较,当后面的元素更大时,替换当前最大值,循环结束即可找到数组中的最大值。

6. D。

本题解题要点:本题主要考查利用指针引用数组元素,p引用的是 a[0],q引用的是a[3],因此,最后结果是 $9-1$ 得8。

7. B。

本题解题要点:根据给定的定义 int a[2][3],(*pa)[3]; pa = a;,pa 是一个指向长度为 3 的整型数组的行指针,并且将a赋给了 pa。

在以上几个选项中:

A. $*(a[0]+2)$:a[0]是数组a的第一行(长度为 3 的整型数组),a[0]+2 是第一行数组的第三个元素的地址,$*(a[0]+2)$ 是第一个行的第三个元素的值。这是合法的引用。

B. $*pa[2]$:pa[2] 意味着访问 pa 指向的数组的第三个元素,但是 pa 指向的实际是 a 的第一行,而不是数组,所以这是非法的引用。

C. pa[0][0]:pa[0] 是 a 的第一行(长度为 3 的整型数组),pa[0][0] 是第一行的第一个元素,这是合法的引用。

D. $*(pa[1]+2)$:pa[1] 是 a 的第二行(长度为 3 的整型数组),pa[1]+2 是第二行数组的第三个元素的地址,$*(pa[1]+2)$ 是第二行的第三个元素的值,这是合法的引用。

因此,对 a 数组元素的非法引用是选项 B。

8. A ABCD

   B BCD

   C CD

   D D。

本题解题要点:在输出语句中,输出的分别是 p 指向的单个字符,和以 p 为首地址的字符串。因此在 p 循环移动下,输出结果为

   A ABCD

   B BCD

```
C CD
D D
```

9. 60。

本题解题要点:a[3][2]是一个二维数组,包含3行2列,初始化元素为{{10,20},{30,40},{50,60}}。(＊p)[2]＝a表示指针p指向数组a的首地址。要计算表达式＊(＊(p＋2)＋1)的值:首先,p指向a的首地址,也就是第一行的地址。p＋2将指针移动两个sizeof(int[2])的距离,即向下移动两行,指向第三行的地址。＊(p＋2)取第三行地址的内容,即取得数组a中第三行的地址。＊(p＋2)＋1将第三行地址向右移动一个int的距离,指向第三行的第二个元素的地址。＊(＊(p＋2)＋1)取得指向的值,即获取第三行的第二个元素的值。因此,表达式＊(＊(p＋2)＋1)的值为数组a中第三行的第二个元素,即60。

10. Porm。

本题解题要点:首先为字符数组初始化,定义指向字符串的指针ptr,并初始化为数组首地址,在循环中,依次输出ptr指向的字符,每输出一次,指针向后移动2个字符的位置,直到结束,因此输出结果为Porm。

11. 1) &s[0];2)i++;3) printf("%s\n",a)。

本题解题要点:错误1:p是指针,因此必须要用地址赋值,故改为:&s[0]。错误2:起始下标赋值为0,需要向后移动,因此是i++,而不是i－－。错误3:要输出的是一个字符串而不是单个字符,因此,应该是%s。

11.2.2 提高题

1. B。

本题解题要点:int x[5]＝{2,4,6,8,10};定义了一个包含5个整数的数组,初始值为{2,4,6,8,10}。p＝x;将数组的第一个元素的地址赋给指针p。pp＝&p;将指针p的地址赋给指向指针p的指针pp。printf("%d",＊(p++));先输出＊p(即数组第一个元素的值,即2),然后p自增,指向数组的第二个元素。printf("%3d\n",＊＊pp);＊＊pp表示取指针pp所指向的地址的值,即指针p的值,也就是数组第二个元素的值,即4。因此,输出结果是"2 4"。

2. 6。

本题解题要点:本题目的是找到第二个字符串在第一个字符串中第一次出现的位置。如果第二个字符串在第一个字符串中找到,程序将打印出第一个字符串中第一次出现的位置索引。如果找不到即输出－1,因此,输出结果为6.

3. 9。

本题解题要点:int a[3][4]＝{1,2,3,4,5,6,7,8,9,10};定义了一个二维数组a,其中包含3行4列的元素。(＊pa)[4]＝a;定义了一个指针pa,指向二维数组a的首地址。(＊(pa＋1))[2];首先,pa＋1指向二维数组a的第二行。然后,(＊(pa＋1))[2]取得该行的第三个元素的值,即9。

因此,程序会输出9。

4. 函数为

```
greeting[0]＝Hello
greeting[1]＝Good morning
greeting[2]＝How are you
```

Hello

Good morning

How are you

本题解题要点:定义了一个指向指针的指针 char ＊＊p 和一个字符串数组 greeting,其中包含 3 个字符串。p＝greeting:将指向字符串数组的第一个元素的指针赋给 p。在 for 循环中,依次输出字符串数组 greeting 中的每个元素。在 while 循环中,通过 ＊p++ 逐个输出 p 指向的字符串,直到遇到字符串结束符'\0'。因此,程序首先输出每个字符串数组元素的值,然后逐行输出指针 p 所指向的字符串,直到遇到字符串结束符。

5. 函数为

```
int ＊ findmax(int ＊ s,int t,int ＊ k)
{
    int i, max = s[0];
    ＊k = 0;
    for (i = 1; i < t; i++)
    {
        if (s[i] > max)
        {
            max = s[i];
            ＊k = i;
        }
    }
    return &s[ ＊k];
}
```

本题解题要点:在 findmax() 函数中:int ＊s 是指向整数数组的指针,int t 表示数组长度,int ＊k 是用于存储最大元素的下标值的指针。函数通过比较数组中的元素找到最大值及其对应的下标值,并将最大元素的地址返回。

6. aabdfg。

本题解题要点:char p[][10]定义了一个二维字符数组 p,包含 5 个长度为 10 的字符串。f() 函数接收一个二维字符数组 p 和一个整数 n,并返回一个字符串。在 f() 函数中,遍历二维字符数组 p,找到长度最长的字符串,并将其拷贝到静态字符数组 t 中。最终,f() 函数返回 t 中存储的最长字符串。在 main() 函数中,调用 f() 函数,并输出返回的最长字符串。

7. 11 9。

本题解题要点:定义了一个整型数组 a 包含元素{2,6,10,14,18}。定义了一个指针数组 ptr,其中存放了数组 a 中每个元素的地址。定义了一个指向指针的指针 p,并初始化为 ptr 的首地址。在循环中,对数组 a 的每个元素进行操作:a[i] = a[i]/2+a[i],相当于将每个元素除以 2 后再加上原来的值。输出 ＊(＊(p+2)),即 ＊＊(p+2),这里 p 不变,p+2 移动到 ptr 数组的第三个元素,即 &a[2],然后取出该地址的值为 11。输出 ＊(＊(++p)),首先,++p 使得 p 指向 ptr 数组的下一个指针地址,即 &a[1],然后取出该地址的值为 9。因此,程序输出结果是 11 9。

11.2.3 拓展题

1. 参考程序如下：

```c
#include <stdio.h>
#define ROWS 3
#define COLS 3
void horizontal_flip(int image[ROWS][COLS])
{
    int i, j, temp;
    for (i = 0; i < ROWS; i++)
    {
        int * row_ptr = *(image + i);
        for (j = 0; j < COLS / 2; j++)
        {
            temp = *(row_ptr + j);
            *(row_ptr + j) = *(row_ptr + COLS - 1 - j);
            *(row_ptr + COLS - 1 - j) = temp;
        }
    }
}
void vertical_flip(int image[ROWS][COLS])
{
    int i, j, temp;
    for (i = 0; i < ROWS / 2; i++)
    {
        int * row_ptr1 = *(image + i);
        int * row_ptr2 = *(image + ROWS - 1 - i);
        for (j = 0; j < COLS; j++)
        {
            temp = *(row_ptr1 + j);
            *(row_ptr1 + j) = *(row_ptr2 + j);
            *(row_ptr2 + j) = temp;
        }
    }
}
void print_image(int image[ROWS][COLS])
{
    int i, j;
    for (i = 0; i < ROWS; i++)
    {
        for (j = 0; j < COLS; j++)
```

```
        {
            printf("%d ", image[i][j]);
        }
        printf("\n");
    }
}
int main()
{
    int image[ROWS][COLS] = {{1, 2, 3}, {4, 5, 6}, {7, 8, 9}};
    printf("Original Image:\n");
    print_image(image);
    horizontal_flip(image);
    printf("\nImage after horizontal flip:\n");
    print_image(image);
    vertical_flip(image);
    printf("\nImage after vertical flip:\n");
    print_image(image);
    return 0;
}
```

本题解题要点：实现水平翻转功能：逐行遍历图像像素数据。对于每行数据，使用两个指针分别指向该行的起始和结束位置，然后交换它们的值。

实现垂直翻转功能：逐列遍历图像像素数据。对于每列数据，使用两个指针分别指向该列的起始和结束位置，然后交换它们的值。

最后输出翻转后的图像像素信息。

运行结果如图55所示。

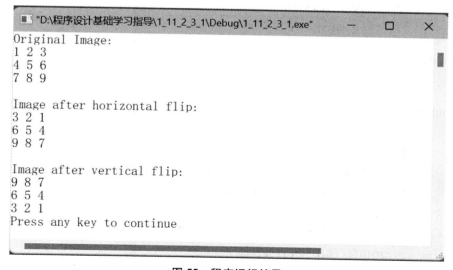

图55　程序运行结果

2. 参考程序如下：

```
#include <stdio.h>
void moveNegativeNumbers(int * arr, int size)
{
    int * negatives = arr;
    int * positives = arr;
    while ( * positives < 0 && positives < arr + size)
    {
        positives++ ;
    }
    while ( * negatives < 0 && negatives < arr + size)
    {
        negatives++ ;
    }
    while (positives < arr + size && negatives < arr + size)
    {
        if ( * negatives < 0)
        {
            negatives++ ;
        }
        else
        {
            int temp = * positives;
            * positives = * negatives;
            * negatives = temp;
            positives++ ;
            negatives++ ;
        }
    }
}
int main()
{
    int arr[] = {1, 2, -3, 4, -5, 6, -7}, i;
    int size = sizeof(arr) / sizeof(arr[0]);
    moveNegativeNumbers(arr, size);
    for ( i = 0; i < size; i++ )
    {
        printf("%d ", arr[i]);
    }
    return 0;
```

```
    }
```

本题解题要点：可以在函数内部，定义两个指针如：negatives 和 positives，分别指向数组的开始。使用循环来找到第一个非负数的位置 positives，并将 positives 后移，直到遇到正数。同样使用循环来找到第一个负数的位置 negatives，并将 negatives 后移，直到遇到负数。再通过循环，将负数移动到数组末尾。在循环中，首先检查 negatives 所指向的值是否为负数，若是负数则将 negatives 指针后移；否则将 positives 和 negatives 指向的值交换，然后将 positives 和 negatives 指针都后移。继续循环直到 positives 和 negatives 都遍历了整个数组。

运行结果如图 56 所示。

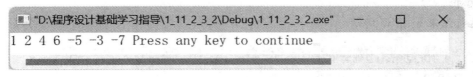

图 56　程序运行结果

3. 参考程序如下：

```c
#include <stdio.h>
#define N 10
void findTwoSum(int * arr, int size, int target)
{int i,j;
    for (i = 0; i < size - 1; i++)
    {
        for (j = i + 1; j < size; j++)
        {
            if (arr[i] + arr[j] == target)
            {
                printf("Two numbers found at indices: %d, %d\n", i, j);
                return;
            }
        }
    }
    printf("No two numbers found with sum equal to target\n");
}
int main()
{
    int arr[N],i;
    int size = sizeof(arr) / sizeof(arr[0]);
    int target;
    for (i = 0; i < N; i++)
        scanf("%d",&arr[i]);
    scanf("%d",&target);
```

```
        findTwoSum(arr，size，target);
        return 0;
    }
```

　　本题解题要点:定义一个函数,使用两个循环嵌套来遍历数组中的所有可能组合的两个数。外层循环从数组开始遍历到倒数第二个元素,内层循环从外层循环下一个元素开始遍历到数组末尾。对于每一对元素,检查它们的和是否等于目标值,如果等于则打印这两个元素的索引,并返回结果。

　　如果遍历完所有组合都没有找到符合条件的两个数,打印提示信息表示未找到符合条件的数对。

　　运行结果如图 57 所示。

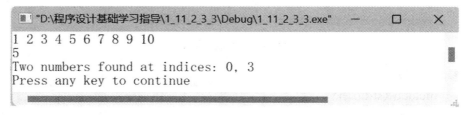

图 57　程序运行结果

习题 12.2 解答

12.2.1　基础题

1. D。

　　本题解题要点:stu 不是用户定义的结构体类型名,而是定义的结构体类型 struct student 的一个实例变量(也称为结构体变量)。用户定义的结构体类型名是 student。

2. B。

　　本题解题要点:因为在结构体类型定义中,结构体类型名为 student,而实际结构体变量的名字是 stu1,因此 student.age 不是正确的方式来引用结构变量的成员。

3. C。

　　本题解题要点:选项 A:p = &a;是错误的,因为在给定的代码中,a 是结构体 sk 中的成员,而不是独立的变量。选项 B:p = data.a;是错误的,因为 data 是结构体实例,而不是一个结构体成员。选项 C:p = &data.a;是正确的。这里 &data.a 取得了结构体 data 中 a 域的地址,赋值给了指针 p,使得 p 指向了 data 结构体中的 a 域。选项 D: * p = data.a;是错误的,因为这会将 data.a 的值赋给 p 指向的地址,而不是将指针指向结构体 data 中的 a 域。

4. D。

　　本题解题要点:因为 p 指向结构体变量 pup,所以通过(* p)sex 可以访问到结构体变量 pup 中的 sex 域。本题不是嵌套结构体,因此选项 A、B、C 均错误。

5. C。

　　本题解题要点:根据给定的枚举定义语句"enum team{my，your = 4，his，her = his + 10};",枚举的值依次为 my = 0,your = 4,his = 5,her = 15。因此,按照给定的输出语句的输出结果是 C。

6. B。

本题解题要点:选项 A:(＊p).data.a 是错误的,因为 data 是结构体变量,不是指针指向的结构体变量。选项 B:(＊p).a 是正确的。(＊p)解引用指针 p,然后用点号.访问结构体变量 data 中的成员 a。选项 C:p→data.a 是错误的,因为 p 是指向结构体变量 data 的指针,通过指向运算符→可以直接访问结构体变量 data 中的成员,不需要再通过.data。选项 D:p.data.a 是错误的,因为 p 是指针,不是结构变量本身,不能使用点号直接访问成员。

7. D。

本题解题要点:union 类型中的成员的引用方式是在某一时刻只引用其中一个成员,以最后一次引用为准,因为本题选 D。

8. D。

本题解题要点:圆点运算符 . 的优先级高于解引用操作符 ＊,因此应该用括号(＊p).b 来正确引用结构体变量 Q 的成员 b。

9. B。

本题解题要点:typedef 只能给已有的类型换名字而不能增加新类型。

10. D。

本题解题要点:在联合体中,所有成员共享同一块内存空间,因此赋值给一个成员会影响其他成员的值。为 ul.c 赋值为'A',以整型输出 ul.n 为 65。

11. D。

本题解题要点:本题在定义结构体类型时,前面加上了 typedef,因此,stutype 与 struct stu 是等价的,均为结构体类型名,而不是变量名。

12. B。

本题解题要点:st[0].a 的值为 1,st[1].b 的值为 5。因此,total = st[0].a + st[1].b = 1 + 5 = 6。

12.2.2 提高题

1. A。

本题解题要点:在联合体中,所有成员共享同一块内存空间,因此赋值给一个成员会影响其他成员的值。为数组成员的 i[0]赋值为 2;i[1]赋值为 0,再以成员 k 输出,结果应为存储在低字节的 i[0]的值,因为结果为 A。

2. B。

本题解题要点:本程序中,第一个学生的三门课程分数为 90,95,85,总分为 90 + 95 + 85 = 270,第二个学生的三门课程分数为 95,80,75,总分为 95 + 80 + 75 = 250,第三个学生的三门课程分数为 100,95,90,总分为 100 + 95 + 90 = 285。for(i = 0;i<3;i++)sum = sum + p→score[i];得到的是第一位同学的总分,因此应该选 B。

3. 4,8。

本题解题要点:在联合体中,所有成员共享同一块内存空间,因此赋值给一个成员会影响其他成员的值。当所以当 e.b 被赋值为 2 时,e.a 也为 2,当执行 e.in.x = e.a ＊ e.b 得到 4 时,e.a 和 e.b 也会被修改为 4。因此,最后输出的结果为 4,8。

4. 输出结果为

1234

12

34

12ff

本题解题要点：在这个程序中，定义了一个联合体 u，其中包含一个结构体 w 和一个整型变量 word。在主函数 main() 中，对 uu. word 赋值为 0x1234，然后通过 printf 函数输出 uu. word 的十六进制值和 uu. byte. high、uu. byte. low 的值，接着将 uu. byte. low 的值设置为 0xff，然后再次输出 uu. word 的十六进制值。因此输出结果应为

1234

12

34

12ff

5. 3。

本题解题要点：输出的第一个值为 * p，指针 p 初始化值为 c1 的地址，c1 赋值为 Blue，因此要想输出 4，White 需要修改初始值为 3。

6. ① char name[20]；int count；。

② strcmp(abc, a[j]. name) = = 0)。

③ a[i]. name, a[i]. count。

本题解题要点：本题需要定义的结构体成员有候选人姓名和得票数，因此需要一个存储姓名的字符数组和一个存储票数的整型变量。在统计时需要比较候选人的姓名，因此需要调用字符串比较函数 strcmp。最后通过循环输出每位候选人姓名及相应的票数。

12.2.3 拓展题

1. 参考程序如下：

```
#include <stdio.h>
#include <string.h>
#define N 10
struct Book
{
    char title[50];
    char author[50];
    float price;
};
void sortBooksByPrice(struct Book * books, int n)
{
    int i, j;
    struct Book temp;
    for (i = 0; i < n - 1; i++)
    {
        for (j = i + 1; j < n; j++)
        {
            if (books[i]. price > books[j]. price)
            {
```

```
                temp = books[i];
                books[i] = books[j];
                books[j] = temp;
            }
        }
    }
}
int main()
{
    int n,i;
    struct Book books[N];
    scanf("%d",&n);
    for (i = 0; i < n; i++)
    {
        scanf("%s",books[i].title);
        scanf("%s",books[i].author);
        scanf("%f",&books[i].price);}
        sortBooksByPrice(books,n);
    for (i = 0; i < n; i++)
    {
        printf("Title：%s, Author：%s, Price：%.2f\n", books[i].title,
            books[i].author, books[i].price);
    }
    return 0;
}
```

本题解题要点：本题可以定义一个包含书籍信息的结构体 Book，包括书名（title）、作者（author）和价格（price）。用户可输入书籍的信息包括书名、作者和价格。定义一个 sortBooksByPrice 函数对书籍价格进行排序，在函数内部使用两重循环进行简单的冒泡排序，最后按价格高低展示书籍信息。

运行结果如图 58 所示。

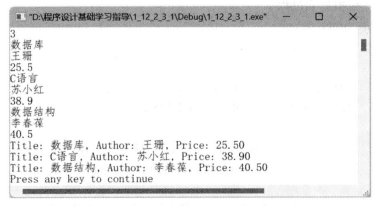

图 58　程序运行结果

2. 参考程序如下：

```c
#include <stdio.h>
#include <string.h>
#define DRINK_COUNT 5
// 饮料结构体
struct Drink
{
    char name[50];
    int quantity;
    float price;
    int sold; // 已卖出数量
};
// 补货函数
void restock(struct Drink * drink)
{
    printf("%s 没有了，需要补充\n", drink->name);
    drink->quantity += 10;
}
// 主函数
int main() {
    struct Drink drinks[DRINK_COUNT] =
    {
        {"可乐", 10, 3.0, 0},
        {"雪碧", 10, 3.0, 0},
        {"芬达", 10, 3.0, 0},
        {"农夫山泉", 10, 2.0, 0},
        {"绿茶", 10, 3.5, 0}
    };
    struct Drink * topSeller = &drinks[0];
    // 模拟售卖过程
    int choice, i;
    do
    {
        printf("\n 饮料:\n");
        for (i = 0; i < DRINK_COUNT; i++)
        {
            printf("%d. %s - %.2f （剩下%d)\n", i+1, drinks[i].name,
                drinks[i].price, drinks[i].quantity);
        }
        printf("选一种 （1-%d) 或选 0 统计: ", DRINK_COUNT);
```

```
            scanf("%d", &choice);
            if (choice > 0 && choice <= DRINK_COUNT)
            {
                struct Drink * selectedDrink = &drinks[choice - 1];
                if (selectedDrink→quantity < 1)
                {
                    restock(selectedDrink);
                }
                selectedDrink→quantity-- ;
                selectedDrink→sold++ ;
                printf("你买了一瓶%s.\n", selectedDrink→name);
            }
        } while (choice ! = 0);
        // 找到卖出数量最多的饮料
        for (i = 1; i < DRINK_COUNT; i++)
        {
            if (drinks[i].sold > topSeller→sold)
            {
                topSeller = &drinks[i];
            }
        }
        printf("\n 售卖最多的是 %s,共卖出 %d .\n", topSeller→name, topSeller
            →sold);
        return 0;
    }
```

本题解题要点：可以定义一个饮料的结构体 Drink,包含了饮料的名称(name)、库存数量(quantity)、价格(price)和已售数量(sold)。定义一个补货函数 restock,用于对饮料进行补货操作。声明两个变量用于在售卖过程中记录用户的选择和作为循环计数器。并增加该饮料的库存数量。用户可以选择购买饮料,如果选择的饮料库存不足,则调用 restock 函数进行补货,然后更新饮料的库存数量和销售数量。

运行结果如图 59 所示。

3. 参考程序如下：

```
    #include <stdio.h>
    #include <string.h>
    #define MAX_PATIENTS 100    // 最大病人数量
    #define MAX_DEPARTMENTS 5    // 最大科室数量
    // 病人结构体
    typedef struct
    {
        int patientID;    // 病人 ID
```

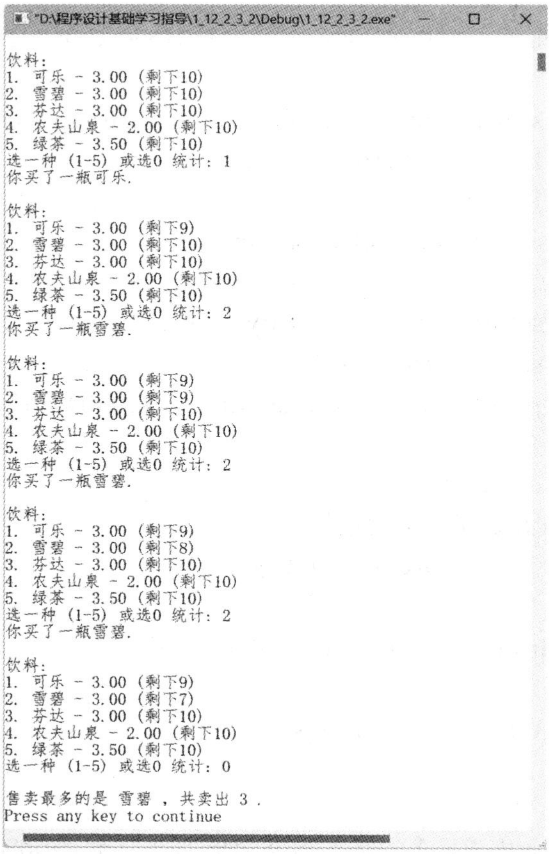

图 59　程序运行结果

```
    char name[50];  // 病人姓名
    int age;  // 病人年龄
    char gender[10];  // 性别
} Patient;
// 科室结构体
typedef struct
{
    int departmentID;  // 科室 ID
    char name[50];  // 科室名称
} Department;
Patient patients[MAX_PATIENTS];// 病人数组
Department departments[MAX_DEPARTMENTS] =
{ // 科室数组,预设科室
    {1,"内科"},
    {2,"外科"},
    {3,"儿科"},
    {4,"妇科"},
```

```
                  {5，"急诊科"}
      };
      int totalPatients = 0；// 当前病人数量
      // 病人信息注册函数
      void registerPatient() {
          if (totalPatients >= MAX_PATIENTS)
          {
              printf("已满,不能注册.\n");
              return;
          }
          printf("输入病人卡号：");
          scanf("%d", &patients[totalPatients].patientID);
          printf("输入病人姓名：");
          scanf(" %[^\n]s", patients[totalPatients].name);
          printf("输入病人年龄：");
          scanf("%d", &patients[totalPatients].age);
          printf("输入性别 ：");
          scanf(" %[^\n]s", patients[totalPatients].gender);
          totalPatients++ ;
          printf("'%s'已成功注册! \n", patients[totalPatients-1].name);
      }
  // 展示科室列表函数
  void showDepartments()
  {
      int i；
      printf("\n 科室:\n");
      for (i = 0；i < MAX_DEPARTMENTS；i++) {
          printf ("%d. %s\n", departments[i].departmentID, departments[i].
              name);
      }
  }
  // 挂号函数
  void registerAppointment()
  {
      int patientID, departmentID；
      printf("病人号：");
      scanf("%d", &patientID);
      showDepartments();
      printf("选择科室号：");
      scanf("%d", &departmentID);
```

```
        if (departmentID < 1 || departmentID > MAX_DEPARTMENTS)
        {
            printf("无效.\n");
            return;
        }
        printf("病人 %d 已经在 %s 科室挂号成功.\n", patientID, departments
            [departmentID-1].name);
    }
    int main()
    {
        int choice;
        while(1)
        {
            printf("\n智慧挂号系统\n");
            printf("1.病人注册\n");
            printf("2.科室列表\n");
            printf("3.退出\n");
            printf("输入你的选择: ");
            scanf("%d", &choice);
            switch(choice)
            {
                case 1:
                    registerPatient();
                    break;
                case 2:
                    registerAppointment();
                    break;
                case 3:
                    printf("已退出系统\n");
                    return 0;
                default:
                    printf("非法选择,请重新选择\n");
            }
        }
        return 0;
    }
```

本题解题要点:可以定义病人结构体数组和科室结构体数组:分别包含病人的 ID、姓名、年龄和性别等信息以及科室的 ID 和名称信息。根据数组当前病人数量判断是否已满,如果已满则提示不能注册。用户输入病人的卡号、姓名、年龄和性别,然后将该病人信息存入数组。注册成功后更新当前病人数量。用户输入病人的卡号和选择挂号的科室号。检查选择的科室号是否在有效范围内,如果无效则提示错误。最后输出挂号成功的提示信息,显示病人已经在某个科室成功挂号。

运行结果如图 60 所示。

图 60　程序运行结果

习题 13.2 解答

13.2.1　基础题

1~5:A、D、A、B、A;6~10:B、D、D、C、C。

本题解题要点:略。

参 考 文 献

[1] 蒋社想.C语言程序设计[M].合肥:安徽科学技术出版社,2019.
[2] 苏小红,赵玲玲,孙志刚,等.C语言程序设计[M].4版.北京:高等教育出版社,2019.
[3] 苏小红,王甜甜,车万翔.C语言程序设计学习指导[M].3版.北京:高等教育出版社,2015.